高等职业学校"十四五"规划土建类工学结合系列教材

建筑构造与识图实训
（第三版）

主　编　印宝权　利建彤

副主编　梁海健　王　凯

参　编　姚赛芳　黄广锐

主　审　王小艳　王晓霞

华中科技大学出版社

http://press.hust.edu.cn

中国·武汉

内 容 提 要

本书结合"建筑构造与识图"课程的特点和高等职业教育教学的需求,依据最新的国家标准和行业规范,由校企合作共同开发。

本书与印宝权、黎旦主编的《建筑构造与识图(第三版)》教材配套使用,为便于使用,本书的编排顺序与教材的任务编排顺序保持一致。

全书三个模块的每一个任务教学环节均安排了相应的习题集并提炼出了若干个实训任务,书的最后一部分为建筑施工图的综合识图实训——建筑施工图识读报告综合实训,读者可以根据自己的情况选择部分习题与实训任务进行练习。

图书在版编目(CIP)数据

建筑构造与识图实训 / 印宝权,利建彤主编. -- 3 版. -- 武汉:华中科技大学出版社,2025.8.
ISBN 978-7-5772-1922-6

Ⅰ. TU22;TU204.21

中国国家版本馆 CIP 数据核字第 2025ZJ6038 号

建筑构造与识图实训(第三版)　　　　　　　　　　　　　　印宝权　利建彤　主编
Jianzhu Gouzao yu Shitu Shixun(Di-san Ban)

策划编辑:金　紫
责任编辑:刘　静
封面设计:原色设计
责任监印:朱　玢
出版发行:华中科技大学出版社(中国·武汉)　　　电话:(027)81321913
　　　　　武汉市东湖新技术开发区华工科技园　　　邮编:430223
录　　排:华中科技大学惠友文印中心
印　　刷:武汉科源印刷设计有限公司
开　　本:787mm×1092mm　1/16
印　　张:7.5
字　　数:153 千字
版　　次:2025 年 8 月第 3 版第 1 次印刷
定　　价:26.00 元

前　言

　　《建筑构造与识图实训(第三版)》结合高等职业教育的特点编写,尽可能做到联系实际工程,在掌握制图基本知识的情况下突出学生动手能力的培养。本书与印宝权、黎巨主编的《建筑构造与识图(第三版)》教材配套使用。

　　相比于第二版,本书对部分习题及实训任务进行了优化和修改。书中内容的选取遵循本课程的教学规律,每一任务均收集了相应的经典习题来巩固所学知识,同时也提炼出了若干个具体的实训任务来锤炼学生的动手能力。最后以一套完整的教师公寓施工图为实训任务,要求学生完成整套图纸的识图报告,从而达到培养学生综合识图能力的目标。

　　在内容的编排上,习题与实训任务均遵循由简单到复杂、由浅入深的原则,符合学生的认知规律。针对配套教材三个模块的内容(第一部分为建筑制图基础、第二部分为建筑构造、第三部分为建筑施工图识读),本书也以此知识点作为框架,按顺序分别提炼出相应部分的习题与实训任务,达到巩固理论知识与提高实际动手能力相结合。

　　本实训任务的完成分为两种形式:一是直接在习题集上完成,如选择题、填空题、判断题以及简单的作图题等;二是通过图纸、利用作图工具作图来完成,如建筑构造节点的设计、施工图的抄绘等。

　　本书由广东水利电力职业技术学院印宝权、广东省城规建设监理有限公司利建彤主编;广州城建职业学院王小艳、广东省城规建设监理有限公司王晓霞主审;广东水利电力职业技术学院梁海健、广州建筑工程监理有限公司王凯任副主编;广东水利电力职业技术学院姚赛芳、广州建筑工程监理有限公司黄广锐参与编写;全书由印宝权统稿审定。

　　本书在编写的过程中参考了相关标准、规范、图片、同类教材和习题集等文献,在此谨向文献的作者表示深深的谢意!

　　由于编者水平有限,书中的疏漏、不妥之处在所难免,敬请使用本书的教师和读者批评指正。

编　者

2025 年 6 月

目　　录

模块一　建筑制图基础

任务 1.1　制图的基本知识与技能

一、选择题

1. 在建筑施工图中,混凝土的图例是(　　　)。

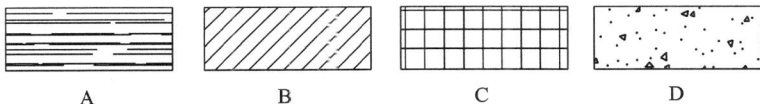

2. 建筑平面图中的中心线、对称一般应用(　　　)。

A. 细实线　　　　　　　　　　B. 细虚线

C. 细单点长画线　　　　　　　D. 细双点画线

3. 一般制图的最后一个步骤是(　　　)。

A. 绘制图样底稿　　　　　　　B. 检查图样,修正错误

C. 底稿加深　　　　　　　　　D. 图纸整理

4. 图纸上限定绘图区域的线框是指(　　　)。

A. 图幅　　　B. 图框　　　C. 标题栏　　　D. 会签栏

5. 图纸本身的大小规格称为图纸幅面,A2 的图纸幅面为(　　　)。

A. 841 mm×1189 mm　　　　B. 594 mm×841 mm

C. 420 mm×594 mm　　　　　D. 420 mm×297 mm

6. 施工图的图线不包括(　　　)。

A. 实线　　　B. 虚线　　　C. 曲线　　　D. 波浪线

7. 圆的中心线一般用(　　　)表示。

A. 实线　　　B. 虚线　　　C. 单点画线　　　D. 折断线

8. 标题栏的边框用(　　　)绘制,分格线用(　　　)绘制。

A. 粗实线　　　　　　　　B. 中实线　　　　　　　　C. 细实线

D. 单点画线　　　　　　　E. 双点画线

9. 在一图幅内,当确定粗线线宽为 1.4 mm 时,细线的线宽应当是(　　　) mm。

A. 1　　　　B. 0.7　　　C. 0.5　　　D. 0.35

10. 拉丁字母及数字的笔画宽变为字高的(　　　)。

A. 6/10　　　B. 3/10　　　C. 1/10　　　D. 1/20

11. 在下列绘图比例中,比例放大的是(　　),比例缩小的是(　　),比例为原图样大小的是(　　)。

A. 1∶2　　　B. 3∶1　　　C. 1∶1　　　D. 0∶1

12. 高度为 30 m 的建筑,按照 1∶100 的比例作立面图,图纸上应标注的高度尺寸为(　　)。

A. 30　　　B. 300　　　C. 3000　　　D. 30000

13. 面积为 4 cm² 的正方形,按照 1∶2 的比例画出的图形的面积为(　　)cm²。

A. 1　　　B. 2　　　C. 3　　　D. 4

14. 下列不是尺寸标注的组成部分的是(　　)。

A. 尺寸线　　　　　　　　　　　　B. 尺寸间距线
C. 尺寸界线　　　　　　　　　　　D. 尺寸数字

15. 建筑工程图的尺寸标注中,以下以米为单位的是(　　)。

A. 平面图　　　B. 立面图　　　C. 剖面图　　　D. 总平面图

16. 以下说法正确的有(　　)。

A. 大于 1/2 圆的圆弧标注直径　　　　　B. 小于 1/2 圆的圆弧标注半径
C. 等于 1/2 圆的圆弧标注直径或半径　　　D. 等于 1/2 圆的圆弧标注直径
E. 球体直径用 $S\phi$ 表示

二、填空题

1. 圆规主要用于_____,要求插脚与针脚高度一致,铅笔削成斜面,斜面向外。

2. 分规是截量_____和_____的工具。其形状与圆规相似,但两脚都装有钢针。

3. 建筑工程图纸的幅面规格共有_____种。

4. 线型有_____、_____、_____、_____、_____、_____六种。

5. 点画线与点画线或点画线与其他图线交接时,应是_____交接;虚线与虚线交接或虚线与其他图线交接时,应是_____交接。

6. 水平方向的尺寸,尺寸数字要从左到右写在尺寸线的上面,字头_____;竖直方向的尺寸,尺寸数字要从下到上写在尺寸线的左侧,字头_____。

7. 通常书写汉字时,字高应不小于 3.5 mm,长方形字体的字宽约为字高的_____。

8. 绘图所用的铅笔以铅芯的软硬程度划分,铅笔上标注的"H"表示_____,"B"表示_____,"HB"表示_____。

9. 无论用何种比例画出的同一扇门,所标的尺寸均为_____。

10. 图样的尺寸由_____、_____、_____、_____四个部分组成。

11. 尺寸起止符号一般用_____绘制,其倾斜方向应与尺寸界线成_____,长度宜为_____。

12. 圆及大于 1/2 圆的圆弧应在尺寸数字前加注_____;小于或等于 1/2 圆的圆弧应在尺寸数字前加注_____;球体的半径、直径尺寸数字前应加注字母_____。

13. 轮廓线、中心线可用作_____,但不能用作_____。不能用尺寸界线作为_____。

14. 建筑工程图上的尺寸单位,除总平面图和标高以_____为单位外,均以_____为单位。

三、判断题

1. 绘制底稿的铅笔用 H～3H 型号,所有的线条要轻而细,不可反复描绘。（　）

2. 图样本身的任何图线均不得用作尺寸线。（　）

3. 图样上的尺寸,可以从图上直接量取。（　）

4. 图样所注写的尺寸数字与绘图所选用的比例及作图准确性无关。（　）

5. 特殊情况下,图样本身的图线均不得用作尺寸界线。（　）

6. 单点画线或双点画线在较小图形中绘制有困难时,可用虚线代替。（　）

7. 单点画线或双点画线的两端部,应是点,而不是线段。（　）

8. 绘图铅笔上标注的"B"前面的数字越大,表示铅芯越硬;"H"前面的数字越大,表示铅芯越软。（　）

9. 用铅笔加深图线时,必须是先曲线,其次直线,最后斜线。各类线型的加深顺序是:中心线、粗实线、虚线、细实线。（　）

四、简答题

1. 简述建筑制图的有关注意事项。

2. 简述图纸幅面之间的关系。

3. 简述国标中图线画法应注意的问题。

4. 常用的绘图工具有哪些?应如何使用?

5. 绘制图样的一般步骤是什么?

实训任务

1. 请在图中量取尺寸,结合给定的比例,对图样进行尺寸标注。

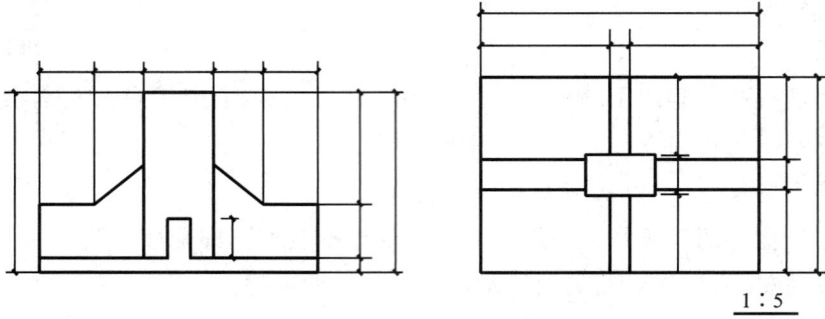

第 1 题图

2. 按国标的相关规定对下面的建筑平面图进行尺寸标注。

第 2 题图

3. 线型练习,按国标的相关规定抄绘下列图线、图案及材料图例。要求采用 A3 图纸按比例绘制图样,按标准区分开线型及线宽。

图线1:1

图案1:2

材料图例1:5

普通砖

砂、灰土

混凝土

钢筋混凝土

金属

第 3 题图

4. 请检查左图中尺寸标注的错误之处,并在右图中重新标注。

第 4 题图

5. 字体练习,参照给出的汉字、字母,按国标规定书写长仿宋体字。

0123456789　　*ABCDEFGHIJKLMNOPQRS*

abcdefghijklmnopqrstuvwxyz

长 仿 宋 体 比 例 尺 寸 平 面 剖 立 图 结 构

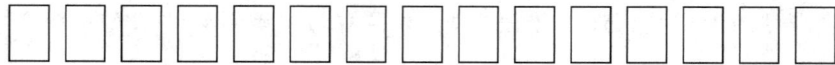

混 凝 土 材 料 钢 筋 轴 线 墙 体 基 础 梁 柱

第 5 题图

任务 1.2 掌握投影的基本知识

一、选择题

1. 根据投射线的类型(平行或相交),投影法可分为(　　)。

A. 正投影法和斜投影法　　　　　　　B. 轴测投影法和正投影法

C. 透视投影法和标高投影法　　　　　D. 中心投影法和平行投影法

2. 在下图所示的两面投影图中,平面 $ABCD$ 是(　　)。

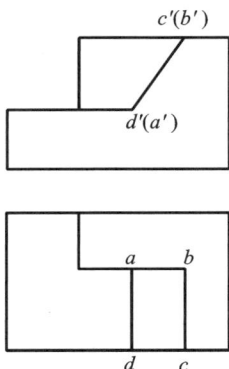

A. 水平面　　B. 正平面　　C. 正垂面　　D. 一般位置平面

3. 投影法中规定空间点选用字母时应选用(　　)。

A. 大写字母　　　　　　　　　　　　B. 小写字母

C. 右上角加一撇的小写字母　　　　　D. 右上角加两撇的小写字母

4. 在投影中心与投影面距离不变的情况下,形体距投影中心愈远,则影子(　　)。

A. 愈大　　B. 愈小　　C. 不变　　D. 无法确定

5. 工程中常用的四种投影是多面正投影、轴测投影、透视投影和标高投影,其中标高投影属于(　　)。

A. 中心投影　　B. 斜投影　　C. 多面投影　　D. 平行投影

6. 由前向后投影,在 V 面上所得的投影图称为(　　)。

A. 水平投影图　　　　　　　　　　　B. 正立面投影图

C. 侧立面投影图　　　　　　　　　　D. 后立面投影图

7. 在三投影面体系中,正立投影面(V 面)反映物体的(　　)。

A. 前后、左右关系　　　　　　　　　B. 上下、左右关系

C. 前后、上下关系　　　　　　　　　D. 空间高度关系

8. 直线、平面、柱面垂直于投影面,则投影分别积聚为点、直线、曲线,是正投影法的基本性质中的(　　)。

A. 类似性　　B. 积聚性　　C. 从属性　　D. 实形性

9. 直线平行于投影面,其投影反映直线的实长;平面图形平行于投影面,其投影反映平面图形的实形,这是正投影法的基本性质中的(　　)。

A. 类似性　　B. 平行性　　C. 从属性　　D. 实形性

10. 以下投影法作图对应的图形不正确的是(　　)。

A. 中心投影—透视图　　　　　　　　　B. 中心投影—轴测图

C. 正投影—平面图　　　　　　　　　　D. 正投影—立面图

11. (　　)的投影特性是:(1)正面投影积聚成直线;(2)水平投影和侧面投影为平面的类似形。

A. 正垂面　　B. 水平面　　C. 铅垂面　　D. 侧垂面

12. (　　)的投影特性是:(1)水平投影积聚成直线;(2)正面投影和侧面投影为平面的类似形。

A. 正平面　　B. 铅垂面　　C. 正垂面　　D. 侧垂面

13. (　　)的投影特性是:(1)正面投影反映实形;(2)水平投影积聚成直线,且平行于 Ox 轴;(3)侧面投影积聚成直线,且平行于 Oz 轴。

A. 铅垂面　　B. 正平面　　C. 水平面　　D. 侧垂面

14. (　　)的投影特性是:(1)水平投影反映实形;(2)正面投影积聚成直线,且平行于 Ox 轴;(3)侧面投影积聚成直线,且平行于 Oy_w 轴。

A. 正平面　　B. 水平面　　C. 侧垂面　　D. 正垂面

15. 在(　　)的情况下,直角三角形的投影仍为直角三角形。

A. 倾斜于投影面　　　　　　　　　　　B. 有一条直角边平行于投影面

C. 平行于投影面　　　　　　　　　　　D. 垂直于投影面

16. 圆柱的三面投影中,(　　)为矩形。

A. 有一面投影　　　　　　　　　　　　B. 有两面投影

C. 有三面投影　　　　　　　　　　　　D. 都不可能

17. 圆锥体的三面投影中,(　　)为三角形。

A. 有一面投影　　　　　　　　　　　　B. 有两面投影

C. 有三面投影　　　　　　　　　　　　D. 都不可能

18. 正三棱柱的三面投影中,(　　)为三角形。

A. 只能有一面投影　　　　　　　　　　B. 可能有两面投影

C. 可能有三面投影　　　　　　　　　　D. 都不可能

19. 水平线的(　　)投影反映实长。

A. 水平　　B. 立面　　C. 侧面　　D. 铅垂

20. 有点 $A(10,15,18)$,则该点与 V 面的距离为(　　)。

A. 10　　　　B. 15　　　　C. 18　　　　D. 0

21. 投影面平行线的投影体现出（　　）。

A. 类似性　　　B. 平行性　　　C. 从属性　　　D. 定比性　　　E. 实形性

22. 投影面垂直面为仅垂直于一个投影面的平面。投影面属于垂直面的有（　　）。

A. 正垂面　　　B. 正平面　　　C. 铅垂面　　　D. 水平面　　　E. 侧垂面

23. 投影面垂直线的投影体现出（　　）。

A. 类似性　　　B. 实形性　　　C. 从属性　　　D. 定比性　　　E. 积聚性

24. 投影面平行面为平行于投影面的平面（同时垂直于另两面）。投影面属于平行面的有（　　）。

A. 正垂面　　　B. 正平面　　　C. 铅垂面　　　D. 水平面　　　E. 侧平面

25. 房屋建筑的各种视图主要是采用（　　）绘制的。

A. 正投影法　　　　　　　　　　B. 平行投影法

C. 斜投影法　　　　　　　　　　D. 标高投影法

26. 形体的三面投影图中，侧面投影能显示的尺寸是（　　）。

A. 长和宽　　　B. 长和高　　　C. 高和宽　　　D. 长、宽、高

27. 在三面投影体系中，H 面的展开方向是（　　）。

A. H 面永不动　　　　　　　　B. H 面绕 Oy 轴向右转 $90°$

C. H 面绕 Ox 轴向下转 $90°$　　　D. H 面绕 Oz 轴向右转 $90°$

二、填空题

1. 已知点 A 的坐标为（25,10,20），则该点到 H 投影面的距离为_____。

2. 平行投影的基本性质有_____、_____、_____。

3. 三面投影体系中投影的基本规律为_____、_____、_____。

4. 当空间的两点位于同一条投射线上时，它们在该投射线所垂直的投影面上的投影重合为一点，称这样的两点为对该投影面的_____。

5. 直线在三面投影体系中的位置可分为_____、_____、_____。

6. 平面在三面投影体系中的位置可分为_____、_____、_____。

7. 点的水平投影到 Ox 轴的距离等于空间点到_____面的距离；点的正面投影到 Ox 轴的距离等于空间点到_____面的距离；点的正面投影到 Oz 轴的距离与点的水平投影到 Oy 轴的距离，都等于空间点到_____面的距离。

8. 已知直线 AB 和点 E、点 F 的投影图，可以判断 E 点_____直线 AB 上，F 点_____直线 AB 上。

9. 已知直线 EF 和点 K 的投影图，可以判断 K 点_____直线 EF 上。（8、9 两题填"在"或"不在"）

第 8 题图

第 9 题图

三、判断题

1. 由图可判断出点 C 在直线 AB 上。 （　　）

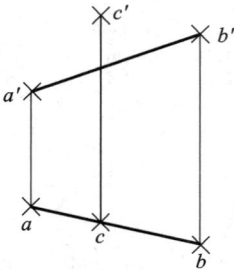

第 1 题图

2. 由图可判断出直线 AB 与直线 CD 相交。 （　　）

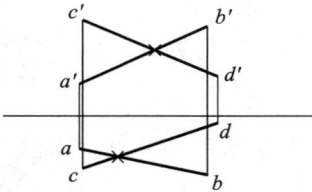

第 2 题图

3. 由图可判断出直线 CM 属于平面 ABC。 （　　）

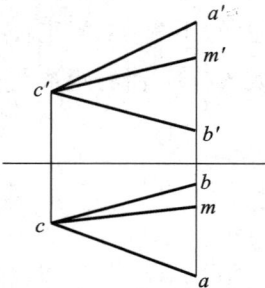

第 3 题图

4. 由图可判断出直线 AB 与直线 CD 是平行的。 （　　）

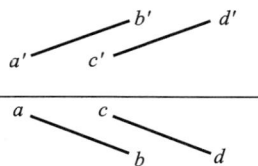

第 4 题图

5. 用互相平行的投影线对形体作投影图的方法称为平行投影法。 （　　）

6. 三面投影图中，水平投影和侧面投影的长相等。 （　　）

7. 斜投影图是工程中应用最广泛的投影图。 （　　）

8. 平行投影的基本性质是"长对正、高平齐、宽相等"。 （　　）

四、简答题

1. 三面投影体系中投影面、投影轴的名称是什么？

2. 三面投影体系是如何展开的？

3. 三个投影面分别反映出形体的哪几个方位？

4. 如何根据形体的直观图绘制其三面投影图？

实训任务

1. 补全各点的三面投影,并判定两点在空间的相对位置。

点A在点B的( )
点B在点C的( )
点C在点A的( )

第 1 题图

2. 做出下面平面图形的水平投影。

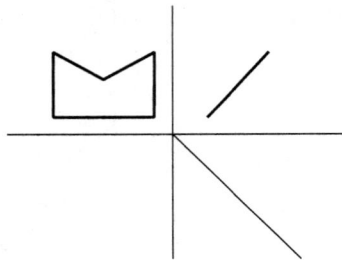

第 2 题图

3. 已知点的两面投影,求第三面投影,并判断(2)图中点对投影面的相对位置。

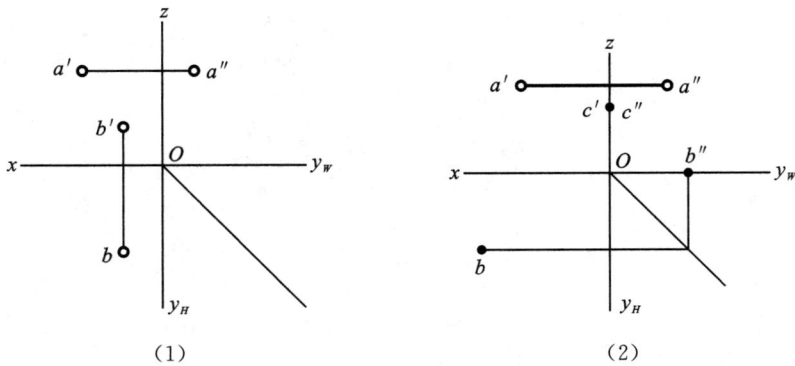

(1)   (2)

A:_____   B:_____   C:_____

第 3 题图

4. 在形体的三视图中注明 A、B、C、D、E 各点的位置,并判别各点的可见性。

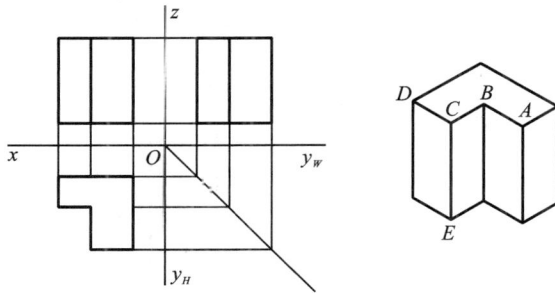

第 4 题图

5. 已知点 $A(30,0,20)$、$B(0,0,20)$,点 C 在点 A 的正前方 15 mm 处,求作点 A、B、C 的三面投影,并判别可见性。

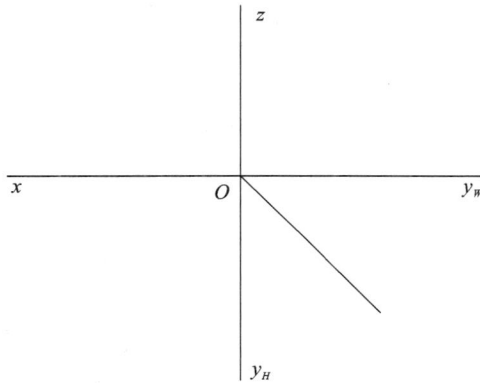

第 5 题图

6. 求作点 A、B、C、S 的第三面投影,并把同面投影用直线连接起来。

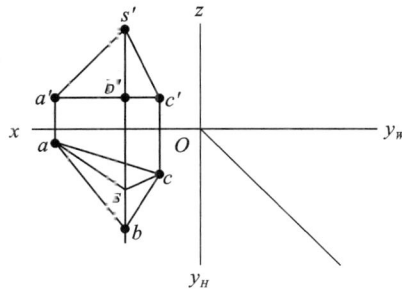

第 6 题图

7. 补绘形体的 W 面投影,并求出形体表面上的折线 ABC 和直线 DE 的另外两面投影。

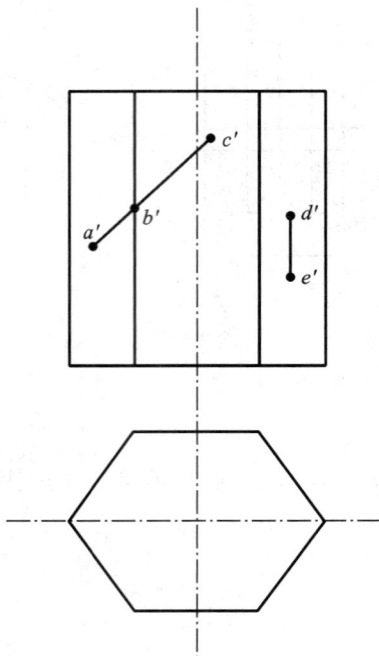

第 7 题图

8. 已知直线的两个投影,试绘出第三个投影,并判别其空间位置。

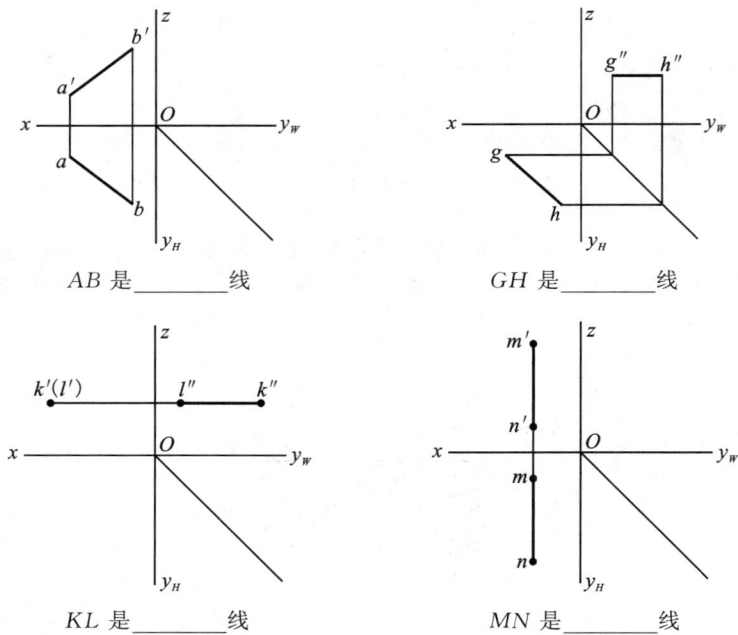

AB 是_____线

GH 是_____线

KL 是_____线

MN 是_____线

第 8 题图

9. 根据已知条件，作直线的投影。

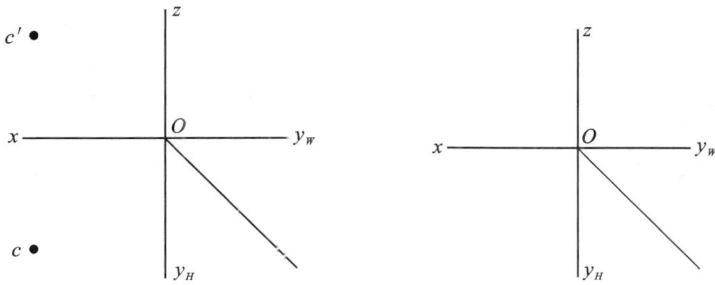

第 9 题图

（1）已知线段 CD 为铅垂线，$CD=25$ mm，C 点如第 6 题图所示，作 CD 的三面投影。

（2）已知线段 EF 为正平线，$EF=20$ mm，E 点与 H 面相距 10 mm，与 V 面相距 10 mm，与 W 面相距 20 mm，$\alpha=45°$，作 EF 的三面投影。

10. 作出下列各平面的第三面投影。

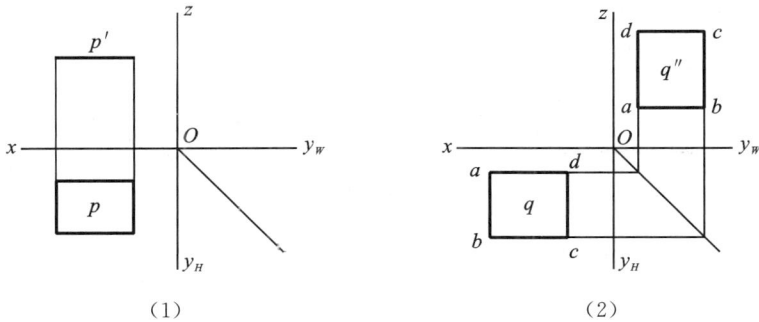

（1）　　　　　　　　　（2）

第 10 题图

11. 已知平面的两个投影,试绘出第三个投影,并判别其空间位置。

该平面是_____面

该平面是_____面

该平面是_____面

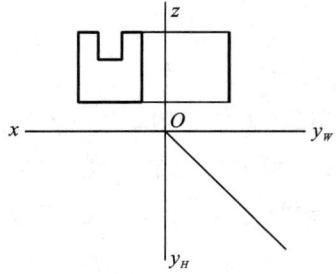

该平面是_____面

第 11 题图

12. 请标出立体图上指定平面的三面投影,并判别其空间位置。

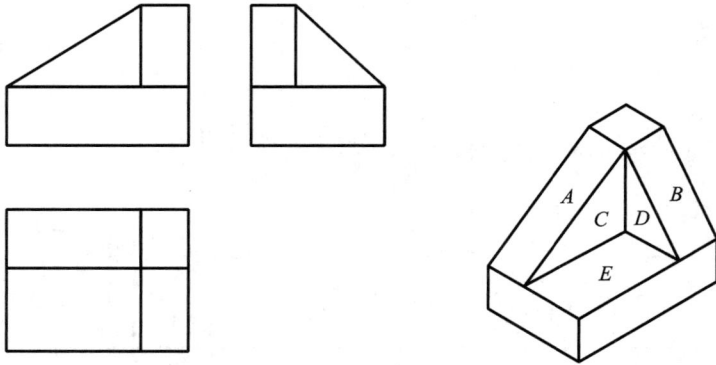

第 12 题图

注:图中 A,B,C,D,E 是面。

13. 已知正方形 $ABCD$ 为铅垂面，$AB = 20$ mm，$A(20,0,20)$，$\alpha = 30°$，求作正方形 $ABCD$ 的三投影。

14. 作出棱柱体、棱锥体、圆柱体的三面投影。

第 14 题图

15. 画出长方体的三面投影,并标注尺寸。已知该长方体的长、宽、高分别为 50 mm、30 mm、15 mm,请按 1∶1 绘制。

16. 已知正四棱锥体底面边长为 15 mm,高 20 mm,底面与 *H* 面平行,距离为 3 mm,且有一底边与 *V* 面成 30°角,试作出该四棱锥的三面投影。

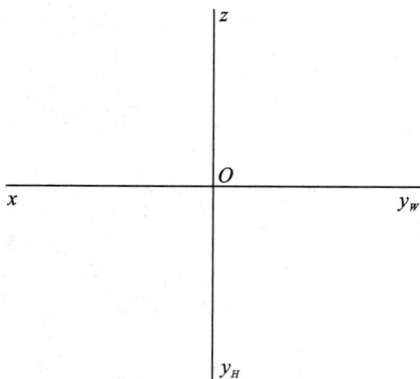

第 16 题图

任务 1.3　绘制组合体投影

一、填空题

1.组合体的类型有_____、_____、_____三种,其投影规律的"三等关系"是_____、_____、_____。

2.组合体尺寸由_____、_____、_____三部分组成。

3.识读组合体投影图的方法主要有_____、_____。

4.作组合体三视图的步骤:(1)进行_____分析;(2)选择投影方案;(3)拟草图;(4)_____尺寸;(5)硬笔先打_____;(6)检查加深完成。

5.选择投影方案时先确定安放位置,再选择_____方向,最后明确投影图数量。

6.估测时第一步先找_____,也就是出现得较多的小长度,最好是垂直在一起,甚至是立方块,但不一定是最小长度,其数据定为10,另有小长度时可定为20或30。

7.组合体识图的主要方法是_____,辅助方法是_____。

8.根据立体的 V、H 面投影,分别选择正确的 W 面投影:_____、_____。

二、选择题

1.根据物体的轴测投影图找到相对应的三面正投影图,并填在三面正投影图下面的括号里。

第 1 题图

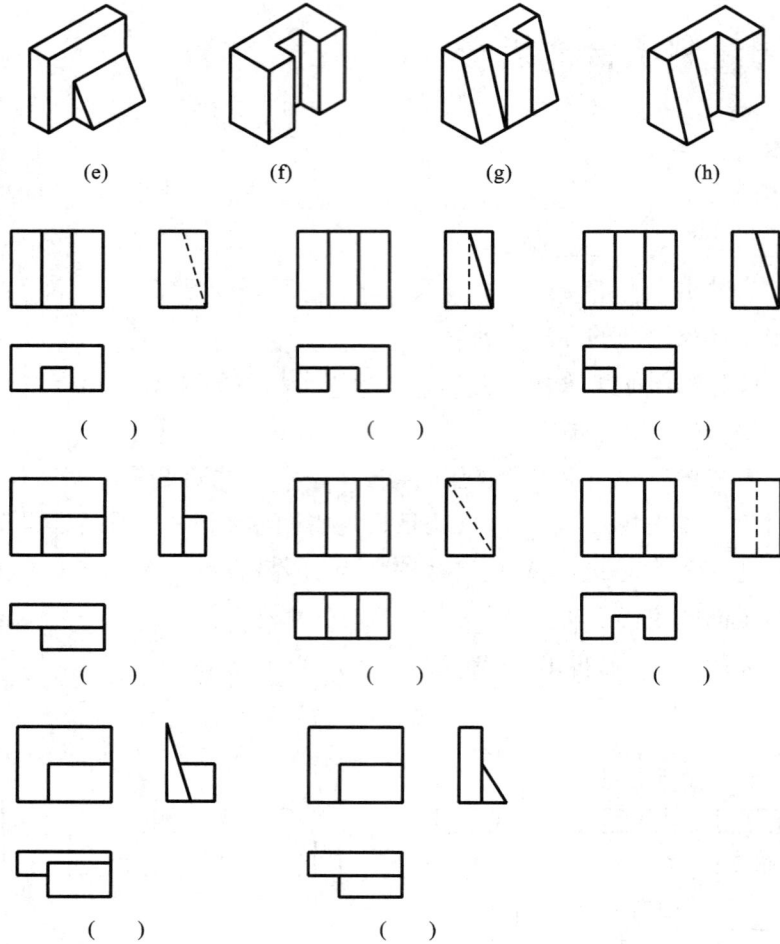

(e)　　　　　　(f)　　　　　　(g)　　　　　　(h)

(　　)　　　　　　(　　)　　　　　　(　　)

(　　)　　　　　　(　　)　　　　　　(　　)

(　　)　　　　　　(　　)

续第 1 题图

2. 根据物体的轴测投影图找到相对应的三面正投影图,并填在正投影图下面的括号里。

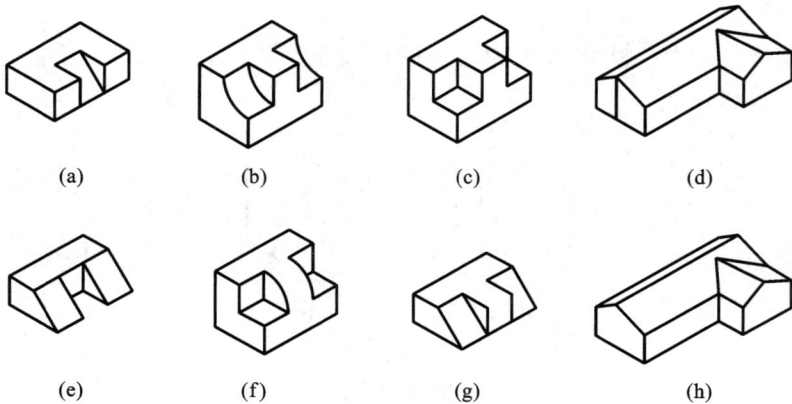

(a)　　　　　　(b)　　　　　　(c)　　　　　　(d)

(e)　　　　　　(f)　　　　　　(g)　　　　　　(h)

第 2 题图

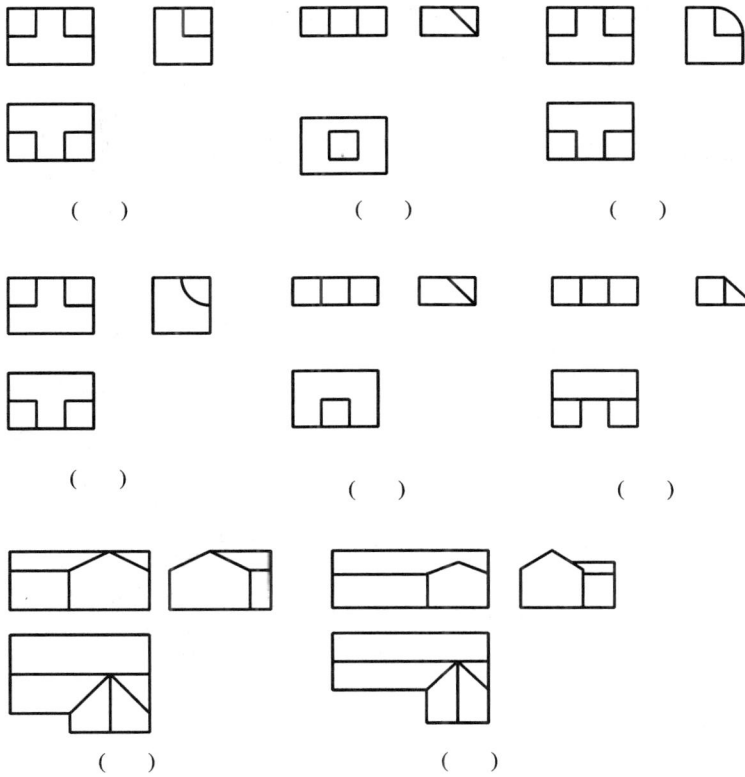

续第 2 题图

三、改错题

请找出轴测图所对应的三面投影的错误之处并改正。

(a)

(b)

(c)

(d)

(e)

(f)

四、简答题

1. 绘制三面投影图时主视方向的选择有哪些原则？

2. 组合体组合处的图形表面关系有哪几种？

3. 怎样绘制组合体的投影图？

4. 怎样识读组合体的投影图？

实训任务

1. 根据轴测图,补绘第三面投影图。

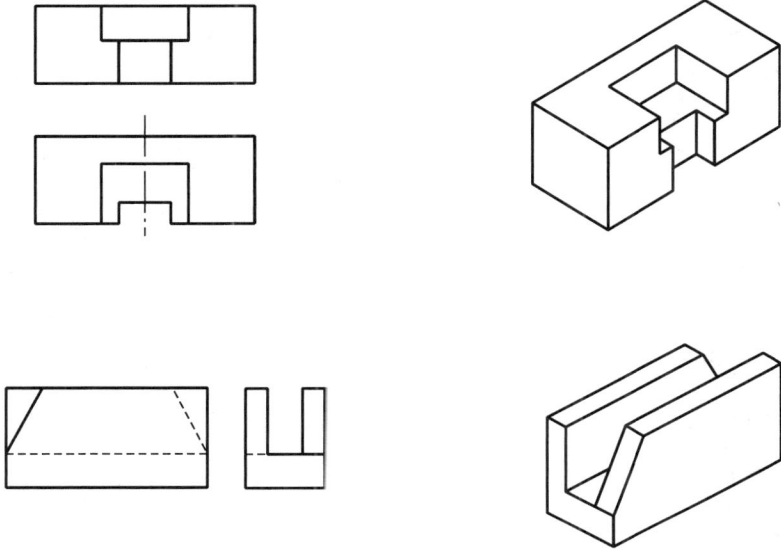

第 1 题图

2. 根据立体图,补齐投影图所缺的图线,并补绘第三面投影。

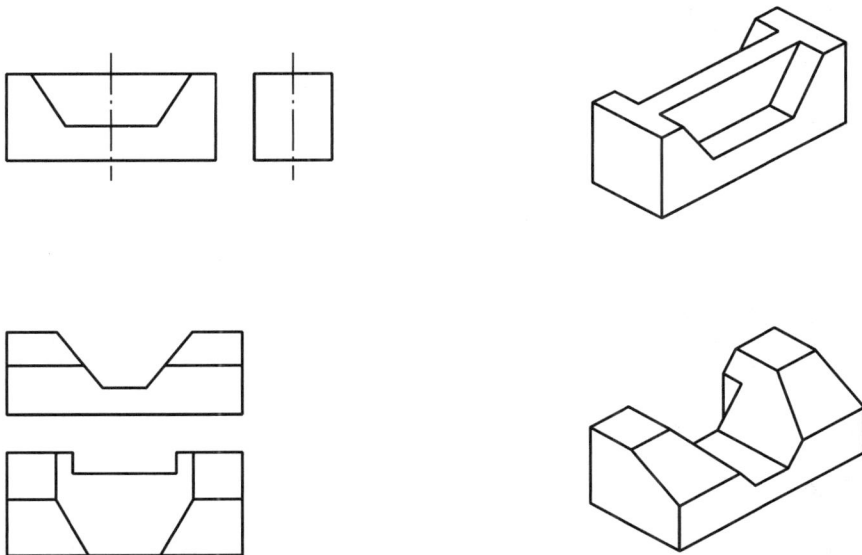

第 2 题图

3. 运用三面投影的规律绘制下列组合体的投影图。

(1)

(2)

(3)

(4)

第 3 题图

（5）

（6）

（7）

（8）

续第 3 题图

（9）

（10）

续第 3 题图

4.根据直观图,按 1：100 比例作出组合体的三视投影图,并标注尺寸。

第 4 题图

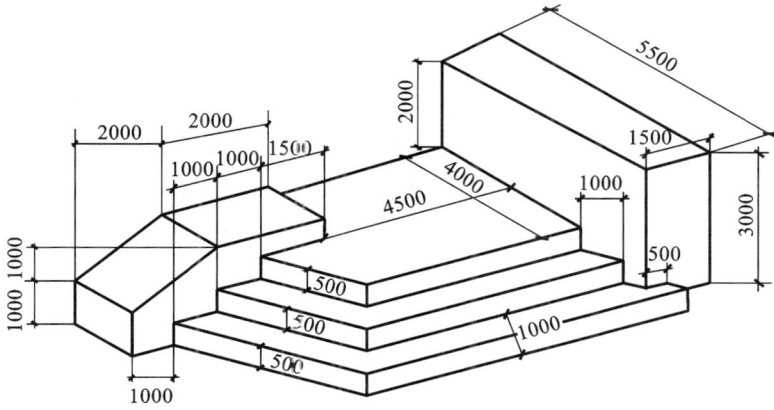

续第 4 题图

5. 补齐水平投影图中缺漏的线条。

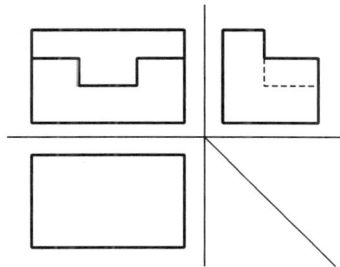

第 5 题图

6. 已知物体的正面投影和水平投影,做出物体的侧面投影。

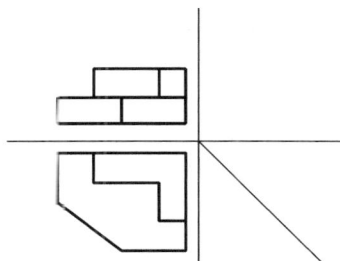

第 6 题图

7. 已知组合体的两面投影,想象出组合体的形态特征,并补绘其第三面投影。

第 7 题图

8. 根据立体图模型,按 1∶3 比例在 A4 纸上画出组合体的三视图,并标注尺寸。

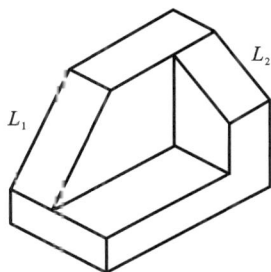

第 8 题图

已知:组合体总尺寸(长、宽、高)分别为 135 mm、90 mm、105 mm,组成组合体的底板厚度为 25 mm,另外两块板的厚度均为 30 mm,斜边 L_1 长度为 100 mm,斜边 L_2 的投影高度为 45 mm。

要求:按制图规范绘制图框和标题栏。

9. 根据给定的形体相关视图,补绘其 1—1 剖面图。

第 9 题图

任务 1.4　剖面图与断面图

一、选择题

1. 断面图的种类有多种,不包含(　　)。

A. 移出断面图　　　　　　　　　　B. 重合断面图

C. 中断断面　　　　　　　　　　　D. 不重合断面图

2. 下列投影图中正确的 1—1 剖面图是(　　)。

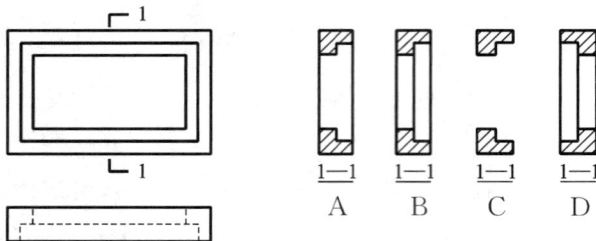

3. 如果形体是对称的,画图时常把形体的投影图以对称轴为界,一半画剖面图,一半画外形图,这种剖面图为(　　)。

A. 对称剖面图　　　　　　　　　　B. 阶梯剖面图

C. 部分剖面图　　　　　　　　　　D. 半剖面图

4. 用两个互相平行的剖切面将形体剖开,得到的剖面图叫作(　　)。

A. 半剖面图　　　　　　　　　　　B. 分层剖面图

C. 展开剖面图　　　　　　　　　　D. 阶梯剖面图

5. 下列关于半剖面图的说法,不正确的是(　　)。

A. 半剖面图和半外形图以对称线为界

B. 对称线画成细双点画线

C. 半剖面图一般要画剖切符号和编号

D. 半剖面图的图名形式为"$X—X$ 剖面图"

6. 关于局部剖面图的说法,以下正确的是(　　)。

A. 用波浪线分界　　　B. 不标注剖切符号　　　C. 不标注编号

D. 剖切范围超过该图形的 1/2　　　　　　　　E. 以上均不正确

7. 断面图与剖面图相比较,相同的部分是(　　)。

A. 剖切符号　　　　　　　　　　　B. 图名

C. 表达范围　　　　　　　　　　　D. 被剖切部分的表达

二、填空题

1. 根据剖切方式不同,剖面图有_____、_____、_____、局部剖面图和分层剖面图。

2. 剖切符号由_____和_____组成,均以_____绘制。

3. 局部剖面图部分用_____分界,不标注_____和_____;局部剖面图的范围不超过该投影图的_____。

4. 断面图的种类有_____、_____、_____三种。其与剖面图的不同之处是

_____

_____

_____

三、简答题

1. 若剖面或断面尺寸较小,绘图时如何处理?

2. 绘制半剖面图应注意哪些问题?

3. 绘制阶梯剖面图应注意哪些问题?

4. 常用的断面图有哪几种?

实训任务

1.请画出组合体的 2—2、3—3 剖面图。

1—1剖面

第 1 题图

2.已知形体的平面图与侧立面图,作出形体的 1—1 剖面图。

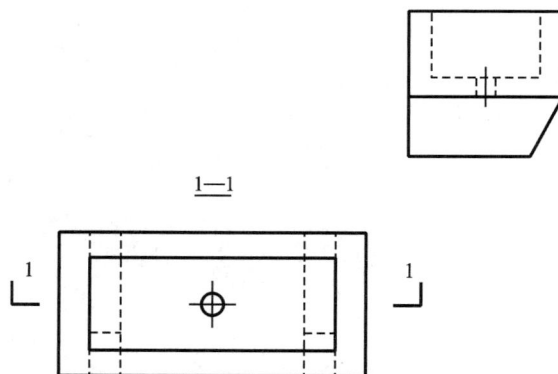

1—1

第 2 题图

3. 画出基础的 1—1 剖面图,基础的材料为钢筋混凝土。

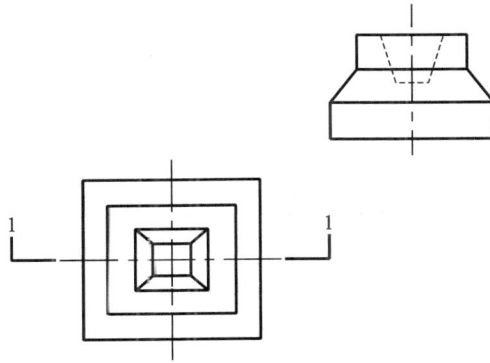

第 3 题图

4. 试作某学院大门建筑模型的 1—1 剖面图,材料为钢筋混凝土。

第 4 题图

5. 根据给定的房屋建筑模型,作出 2—2、3—3 剖面图。

第 5 题图

6. 根据给定的钢筋混凝土梁模型,作出 1—1、2—2 断面图。

第 6 题图

7. 绘出钢筋混凝土柱子的 1—1、2—2、3—3 断面图。

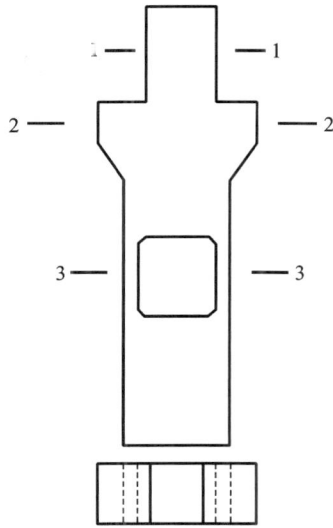

第 7 题图

8. 下图为墙面装饰的立面图与 1—1 剖面图,试用重合断面法将 1—1 剖面图中的墙面装饰画在正立面图上。

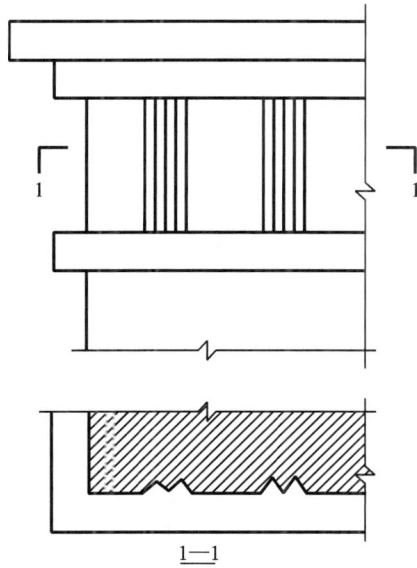

1—1

第 8 题图

模块二 建筑构造

任务 2.1 民用建筑概述

一、选择题

1. 建筑是建筑物和构筑物的总称,(　　)属于建筑物。

A. 住宅、堤坝等 B. 学校、电视塔等

C. 厂房、展览馆等 D. 烟囱、办公楼等

2. 民用建筑包括居住建筑和公共建筑,其中(　　)属于居住建筑。

A. 托儿所 B. 宾馆 C. 公寓 D. 疗养院

3. 建筑按主要承重结构的材料分不包括(　　)。

A. 砖混结构 B. 钢筋混凝土结构

C. 框架结构 D. 钢结构

4. (　　)为多层住宅。

A. 1~3 层 B. 4~6 层

C. 7~9 层 D. 10 层及以上

5. 建筑的耐火等级分为(　　)。

A. 二级 B. 三级 C. 四级 D. 五级

6. 建筑材料的耐火极限是指对任一建筑构件按时间-温度标准曲线进行耐火实验,从开始受到火的作用时起,到(　　)时止的这段时间,用小时表示。

A. 失去支持能力

B. 失去支持能力或发生完整性破坏

C. 发生完整性破坏或失去隔火作用

D. 失去支持力、发生完整性破坏或失去隔火作用

7. 判断建筑构件是否达到耐火极限的具体条件有(　　)。

①构件是否失去支持能力 ②构件是否被破坏 ③构件是否失去完整性

④构件是否失去隔火作用 ⑤构件是否燃烧

A. ①、③、④ B. ②、③、⑤ C. ③、④、⑤ D. ②、③、④

8. 建筑物主要承重构件按照燃烧性能分为(　　)。

A. 难燃烧体 B. 易燃体 C. 非燃烧体 D. 燃烧体

9. 耐久等级为二级的建筑物的耐久年限为（　　）年,适用于一般建筑。

A. 50～100　　　　　　　　　　B. 80～150

C. 25～50　　　　　　　　　　D. 15～25

10. 建筑变形缝按其使用性质分为（　　）。

A. 施工缝　　B. 伸缩缝　　C. 防震缝　　D. 沉降缝　　E. 分隔缝

11. 伸缩缝是预防（　　）对建筑物的不利影响而设置的。

A. 温度变化　　　　　　　　　　B. 地基不均匀沉降

C. 地震　　　　　　　　　　　　D. 外部振动

12. 温度缝又称伸缩缝,是将建筑物（　　）断开。

①地基基础　②墙体　③楼板　④楼梯　⑤屋顶

A. ①、②、③　B. ①、③、⑤　C. ②、③、④　D. ②、③、⑤

13. 在地震设防区设置伸缩缝时,必须满足（　　）设置的要求。

A. 防震缝　　B. 沉降缝　　C. 分隔缝　　D. 伸缩缝

14. 建筑物可能产生不均匀沉降的部位或地基基础变形敏感处,应设置（　　）。

A. 沉降缝　　B. 伸缩缝　　C. 防震缝　　D. 分仓缝

15. （　　）必须沿建筑的屋顶至基础底面全高设置。

A. 施工缝　　B. 伸缩缝　　C. 防震缝　　D. 沉降缝

16. 防震缝的宽度一般应该是（　　）mm。

A. 20～30　　B. 30～70　　C. 50～70　　D. 30～150

17. 砖混结构建筑平面开间进深尺寸常用（　　）的模数。

A. 1M　　　　B. 10M　　　　C. 3M　　　　D. 30M

18. 某民用建筑开间尺寸有 3.1 m、4.2 m、5.2 m、2.8 m,其中（　　）属于标准尺寸。

A. 3.1 m　　B. 5.2 m　　C. 4.2 m　　D. 2.8 m

19. 对于中小型的不太复杂的工程,建筑设计一般（　　）阶段。

A. 可越过初步设计　　　　　　　B. 可越过技术设计

C. 可越过施工图设计　　　　　　D. 不能越过任何设计

二、填空题

1. 建筑物按使用性质划分为_____、_____、_____。民用建筑又分为_____和_____。

2. 高层建筑是指建筑高度在_____ m 以上的建筑;高度超过_____ m 时,为超高层建筑。

3. 普通建筑物的耐火等级分为_____级,高层建筑的耐火等级分为_____、_____两级。

4. 民用建筑按耐久年限分为_____级,其中_____级的使用年限为 100 年以上;按耐火等级分为_____级,其中_____级最高。

5. 模数数列指以_____、_____、_____扩展成的一系列尺寸。

6. 《建筑模数协调标准》(GB/T 50002—2013)中规定,建筑中采用的模数有基本模数、_____和_____,采用_____ mm 作为基本模数值,其符号为_____,即_____。

7. 建筑物的设计包括三方面的内容,即_____、_____和_____。

8. 建筑设计可分为_____、_____和_____三阶段。

三、名词解释

1. 建筑物

2. 构筑物

3. 耐火极限

4. 标志尺寸

5. 变形缝

四、简答题

1. 建筑物的耐久等级分别适用于什么建筑?

2. 变形缝的作用是什么? 房屋的变形缝分为哪几类? 防震缝应该设置在什么部位?

3. 墙体伸缩缝的形式有哪几种? 各有什么特点? 伸缩缝、沉降缝的宽度一般分别是多少?

4. 什么是定位轴线? 它与构件尺寸有何关系?

实训任务

以下为一民用建筑的形体图,试列出该建筑各部位的名称。

民用建筑形体图

任务 2.2　基础与地下室

一、选择题

1. 下列基础,属于柔性基础的是(　　)。

A. 混凝土基础　　　　　　　　　　　　B. 砖基础

C. 钢筋混凝土基础　　　　　　　　　　D. 毛石基础

2. 基础埋置深度一般不小于(　　)。

A. 300 mm　　B. 400 mm　　C. 500 mm　　D. 600 mm

3. 基础类型较多,依构造形式分,有(　　)。

A. 刚性基础　　　　　　B. 非刚性基础　　　　　　C. 筏形基础

D. 箱形基础　　　　　　E. 桩基础

4. 承重柱下采用(　　)为主要柱基形式。

A. 独立基础　　　　　　　　　　　　　B. 条形基础

C. 片筏基础　　　　　　　　　　　　　D. 箱形基础

5. 当建筑物上部结构为砖墙承重时,基础通常做成(　　)。

A. 独立基础　　　　　　　　　　　　　B. 条形基础

C. 杯形基础　　　　　　　　　　　　　D. 片筏基础

6. 以下关于筏板基础的说法,正确的有(　　)。

A. 筏板基础由密集的梁构成　　　　　　B. 筏板基础可以用于墙下

C. 筏板基础可以用于柱下　　　　　　　D. 筏板基础可做成板式

E. 筏板基础可做成梁板式

7. 目前高层建筑的主要桩基形式为(　　)。

A. 预制打入桩　　　　　　　　　　　　B. 预制振入桩

C. 钻孔灌注桩　　　　　　　　　　　　D. 挖孔灌注桩

8. 刚性基础的受力特点是(　　)。

A. 抗拉强度大,抗压强度小　　　　　　B. 抗拉、抗压强度均大

C. 抗剪切强度大　　　　　　　　　　　D. 抗压强度大,抗拉强度小

9. 不同材料基础的刚性角是不同的,通常素混凝土基础的刚性角应控制在(　　)以下。

A. 45°　　　　　B. 36°　　　　　C. 30°　　　　　D. 25°

10. 影响基础类型选择的因素有(　　)。

A. 上部结构形式　　　　B. 冻土深度　　　　　　　C. 土质好坏

D. 荷载大小　　　　　　E. 地下水位高低

11. 钢筋混凝土独立基础的钢筋配置在基础的（　　）。

　　A. 上部　　　　　B. 中部　　　　　C. 下部　　　　　D. 以上均可

12. 为保护基础钢筋不受锈蚀，当有垫层时，保护层厚度不应小于（　　）mm。

　　A. 70　　　　B. 40　　　　C. 30　　　　D. 35

13. 为了避免影响开门及满足防潮要求，基础梁的顶面标高至少应低于室内地坪标高（　　）。

　　A. 60 mm　　B. 50 mm　　C. 100 mm　　D. 120 mm

14. 地下室构造设计的重点是解决（　　）的问题。

　　A. 隔音防噪　　　　　　　　　　B. 自然通风

　　C. 天然采光　　　　　　　　　　D. 防潮防水

15. 当地下水位很高，基础不能埋在地下水位以上时，应将基础底面埋置在（　　）以下，从而减少甚至避免地下水的浮力影响。

　　A. 最高水位 200 mm　　　　　　B. 最低水位 200 mm

　　C. 最高水位 500 mm　　　　　　D. 最低水位 500 mm

16. 当地下水的最高水位低于地下室地坪（　　）时，只需做防潮处理。

　　A. 100～200 mm　　　　　　　　B. 200～400 mm

　　C. 150～300 mm　　　　　　　　D. 300～500 mm

17. 地下室的外包卷材防水构造中，墙身处卷材须从底板包上来，并在最高设计水位（　　）处收头。

　　A. 以下 50 mm　　　　　　　　　B. 以上 50 mm

　　C. 以下 500～1000 mm　　　　　D. 以上 500～1000 mm

18. 地下室防水卷材封口方法有（　　）和木砖封口两种。

　　A. 水泥封口　　B. 石材封口　　C. 粘贴封口　　D. 自封口

19. 当设计最高地下水位高于地下室底板时，地下室防水的薄弱环节是（　　）。

　　A. 底板　　　　B. 侧板　　　　C. 变形缝　　　　D. 阴阳墙角

20. 地下室为构件自防水时，加防水剂的防水混凝土外墙、底板厚度均不宜太薄。一般墙厚应为（　　），底板厚应在（　　）以上。

　　A. 300 mm；250 mm　　　　　　B. 200 mm；150 mm

　　C. 100 mm；250 mm　　　　　　D. 75 mm；100 mm

二、填空题

1. 地基分为_____和_____两大类。

2. 人工加固地基的方式通常有_____、_____、_____和_____四种。

3. 基础埋置深度是指_____到基础底面的距离。当埋深_____时，称为深基础；当埋深_____时，称为浅基础。

4. 根据所用材料的不同,基础可分为刚性基础和_____。

5. 用砖石、混凝土等材料建造的基础称为_____基础。

6. 砖基础的形式有_____、_____,其中每一级的退台宽度是_____。

7. 钢筋混凝土基础通常要在基础底下做混凝土垫层,其厚度为_____ mm,垫层的作用是使基底传递荷载均匀以及_____。

8. 地下室由_____、_____、_____、_____、_____五部分组成。

9. 地下室施工缝处的防水处理一般采用_____水平方向拉通。

10. 地下室的墙体采用砖墙时,厚度不宜小于_____;采用混凝土或钢筋混凝土墙时,厚度不宜小于_____。

三、判断题

1. 凡天然土层本身具有足够的强度,能直接承受建筑物荷载的地基都被称为天然地基。 （　　）

2. 埋置深度大于 4 m 的基础称为深基础;埋置深度小于 4 m 的基础称为浅基础;直接做在地表面上的基础称为不埋基础。 （　　）

3. 地下室防水按所用材料分为卷材防水、砂浆防水和涂料防水。 （　　）

4. 砂浆防水构造适用于混凝土或砌体结构的基层上,不适用于环境有侵蚀性、持续振动或湿度高于 80% 的地下工程。 （　　）

四、名词解释

1. 人工地基

2. 半地下室

3. 基础埋置深度

五、简答题

1. 简述地基和基础的关系。

2. 影响基础埋置深度的因素有哪五种?

3. 基础按构造形式分为哪几种类型? 各适用于哪类建筑?

4. 地下室在什么情况下需要防潮? 在什么情况下需要防水?

实训任务

1. 下图为一基础剖面图,已知该基础的埋深为 800 mm,室内地坪的标高为 ±0.000 m,试在图中标示出基础埋深与室内地坪的标高,并标示出图示基础墙体中的构造名称。

室外设计地面

基础

垫层

基底宽度

第 1 题图

2. 请按构造要求标注图中的尺寸,并绘制图示条形基础的平面图。

φ6@150

φ6@150

C15混凝土垫层

1200

第 2 题图

3.补全大放脚构造图,该大放脚基础形式为二皮一收式。

墙厚

±0.000

防潮层（20厚1：2水泥砂浆加3%～5%防水剂）

500

5×120

−1.400

100

C15素混凝土垫层

1000

第 3 题图

4.请补充图示地下室防水构造中的标注内容,并绘制 $\frac{A}{-}$ 所对应的详图示例。

最高地下水位

$\frac{A}{-}$

( )

( )

( )

第 4 题图

5.根据图示内容,设计地下室采光井,绘制出该采光井的 1—1 剖面图。

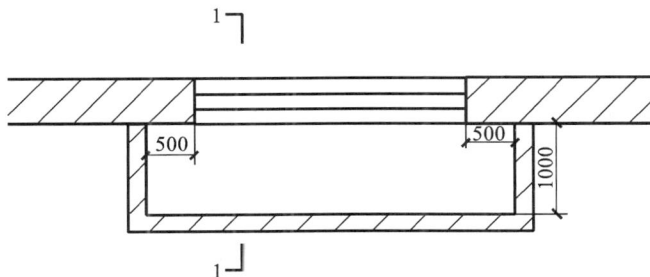

第 5 题图

6. 下图为一地下室的防水构造图,试标明地下室钢筋混凝土结构自防水构造名称。

第 6 题图

7. 用 A4 图纸绘制一地下室防潮构造图。

已知地下室墙体为 240 mm 厚的砖墙,外墙防潮做法:自里向外构造层次为密实水泥砂浆、冷底子油一道、热沥青两道。地下室底板做法:自下而上构造层次为素土压实,C10 素混凝土 150 mm 厚,1∶3 水泥砂浆 15 mm 厚,刷冷底子油一道,SBS 卷材防潮层,C15 细石混凝土 50 mm 厚,1∶2.5 水泥砂浆 20 mm 厚。地下室层高为 3.2 m。

任务 2.3 墙体

一、选择题

1. 墙承重结构布置方案可分为( )。

A. 横墙承重、纵墙承重、内墙承重、外墙承重

B. 半框架承重、内墙承重、外墙承重

C. 纵横墙承重、横墙承重、纵墙承重、半框架承重

D. 内墙承重,外墙承重,纵、横墙承重

2. 从结构受力的情况来看,墙体分为( )。

A. 承重墙　　B. 非承重墙　C. 内墙　　　D. 外墙　　　E. 混凝土墙

3. 位于建筑物外部的纵墙,习惯上又称为( )。

A. 山墙　　　B. 窗间墙　　C. 封檐墙　　D. 檐墙

4. 根据墙体建造材料的不同,墙体还可分为( )和其他用轻质材料制作的墙体。

A. 砖墙　　　B. 石墙　　　C. 土墙　　　D. 混凝土墙　E. 内墙

5. 最常见的钢筋混凝土框架结构中,内墙的作用为( )。

A. 分隔空间　　　　　　　　　B. 承重

C. 围护　　　　　　　　　　　D. 分隔、围护和承重

6. 普通黏土砖的规格和质量分别为( )。

A. 240 mm×120 mm×60 mm,1 kg　　B. 240 mm×110 mm×55 mm,2 kg

C. 240 mm×115 mm×53 mm,2.5 kg　　D. 240 mm×115 mm×55 mm,3 kg

7. 砖的强度等级用( )表示。

A. M　　　　B. MU　　　C. MC　　　D. ZC

8. 砂浆的强度等级用( )表示。

A. M　　　　B. MU　　　C. MC　　　D. SC

9. 37 墙厚度的构造尺寸为( )。

A. 375 mm　B. 370 mm　C. 365 mm　D. 360 mm

10. 砖墙的水平灰缝宽度和竖向灰缝宽度,应为( )左右。

A. 8 mm　　B. 10 mm　　C. 12 mm　　D. 15 mm

11. 砖基础大放脚部分的组砌形式一般采用( )法。

A. 三一　　　B. 梅花丁　　C. 一顺一丁　D. 三顺一丁

12. 勒脚是墙身接近室外地面的部分,常用的材料为( )。

A. 混合砂浆　B. 水泥砂浆　C. 纸筋灰　　D. 膨胀珍珠岩

13. 散水宽度一般不小于( )。

A. 600 mm   B. 500 mm   C. 400 mm   D. 300 mm

14. 墙身水平防潮层分为（   ）。

A. 沥青防潮层   B. 油毡防潮层   C. 防水砂浆防潮层

D. 防水砂浆砌砖防潮层   E. 细石混凝土防潮层

15. 墙身防潮层的作用是阻止地基土中的水分因毛细管作用进入墙身,防潮层的做法中防潮性能和抗裂性能良好的是（   ）。

A. 防水砂浆防潮层   B. 钢筋混凝土带

C. 油毡防潮层   D. 防水砂浆砌砖防潮层

16. 墙体勒脚部位的水平防潮层一般设于（   ）。

A. 基础顶面

B. 底层地坪混凝土结构层之间的砖缝中

C. 底层地坪混凝土结构层之下 60 mm 处

D. 室外地坪之上 60 mm 处

17. 砖砌窗台的出挑尺寸一般为（   ）。

A. 60 mm   B. 90 mm   C. 120 mm   D. 180 mm

18. 砖拱过梁有平拱和弧拱两种。平拱砖过梁的跨度不应超过（   ）。

A. 1.2 m   B. 1.3 m   C. 1.4 m   D. 1.5 m

19. 当门窗洞口上部有集中荷载作用时,其过梁可选用（   ）。

A. 平拱砖过梁   B. 弧拱砖过梁

C. 钢筋砖过梁   D. 钢筋混凝土过梁

20. 当过梁上有集中荷载或振动荷载时,不宜采用（   ）。

A. 钢筋混凝土过梁   B. 钢筋砖过梁

C. A、B 选项不宜采用   D. 以上各项都不宜采用

21. 过梁是门窗洞口上设置的横梁,它不承受（   ）传递的荷载。

A. 洞口上部墙体   B. 洞口上部所有部分

C. 洞口上部其他构件   D. 窗间墙部分

22. 圈梁一般应设置在砖墙的（   ）。

A. 外墙四周   B. 所有外墙与内墙

C. 外墙和部分内墙   D. 全部内墙

23. 下列属于圈梁作用的有（   ）。

A. 提高墙体承载力   B. 加强建筑整体性

C. 提高建筑物抵抗不均匀沉降的能力   D. 降低建筑造价

E. 加强美观效果

24. 圈梁遇洞口中断,所设置的附加圈梁与原圈梁的搭接长度 L 应满足（   ）。

A. $L \leqslant 2h$ 且 $L \leqslant 1$ m   B. $L \leqslant 2h$ 且 $L \leqslant 1.5$ m

C. $L \geqslant 2h$ 且 $L \geqslant 1.5$ m   D. $L \geqslant 2h$ 且 $L \geqslant 1$ m

25. 构造柱一般设在(　　)等处。

A. 建筑物的四角   B. 内墙与外墙的交接处

C. 楼梯间和电梯间的四角   D. 某些较长墙体的中部

E. 某些较短墙体的内部

26. 下列属于钢筋混凝土构造柱作用的是(　　)。

A. 使墙角挺直   B. 加速施工速度

C. 增加建筑物的刚度   D. 可按框架结构考虑

27. 摆砖样(或称排砖、撂底)的目的是(　　)。

A. 减少砍砖   B. 保证竖缝均匀合理

C. 保证组砌合理   D. 保证每个楼层为整皮砖

E. 使各段砖墙底部标高符合设计要求

28. "三一"砌砖法是指(　　)。

A. 三皮一吊   B. 三种铺灰法一种挤砖法

C. 三种步法一种手法   D. 一铲灰一块砖一挤揉

29. 在砌筑工程中,皮数杆的作用是(　　)。

A. 保证墙体垂直度   B. 控制墙体竖向尺寸

C. 控制各部位构件的竖向标高   D. 保证灰缝厚度的均匀性

E. 控制脚手眼的位置

30. 砖墙与构造柱连接应砌成马牙槎,并沿墙高每 500 mm 设置 2Φ6 水平拉结钢筋,每边伸入墙内不宜(　　)。

A. >1 m   B. <1 m   C. >1.2 m   D. <1.2 m

31. 采用"三一"砌砖法的主要优点是(　　)。

A. 工效高   B. 灰缝砂浆饱满,黏结性好

C. 容易操作   D. 节省砂浆

32. 砖砌体水平灰缝的砂浆饱满度不得小于(　　)。

A. 75%   B. 80%   C. 85%   D. 90%

33. 半砖隔墙的顶部与楼板相接处应采用(　　)方式砌筑。

A. 水泥砂浆抹缝处理   B. 半砖顺砌

C. 立砖斜砌   D. 整砖平砌

34. 砌砖墙在必要的情况下,留槎时应尽量留斜槎,斜槎水平投影长度不应小于高度的(　　)。

A. 1/4   B. 1/2   C. 3/4   D. 2/3

35. 砖砌体的质量要求有( )。

A. 横平竖直 B. 砂浆饱满 C. 上下对缝 D. 内外搭砌 E. 接槎可靠

36. 当采用( )做隔墙时,可将隔墙直接设置在楼板上。

A. 黏土砖 B. 空心砌块

C. 混凝土墙板 D. 轻质材料

37. 轻质隔墙一般要着重处理好( )问题。

A. 强度 B. 隔音 C. 防火 D. 稳定

38. 防火墙的耐火极限不小于( )。

A. 4.0 h B. 3.0 h C. 2.0 h D. 1.0 h

39. 为了使外墙具有足够的保温能力,应选用( )的材料砌筑。

A. 强度高 B. 密度大

C. 导热系数小 D. 导热系数大

40. 外墙涂料需要有( )。

A. 较好的弹性 B. 较好的耐气候性 C. 较好的质感

D. 较强的装饰效果 E. 较高的强度

41. 内墙涂料需要( )。

A. 有较好的弹性 B. 耐磨且抗冲击能力较好

C. 有较好的质感 D. 有较强的装饰效果

E. 有较高的强度

42. 内墙面抹灰类装修,一般包括水泥砂浆、混合砂浆及( )。

A. 纸筋灰 B. 水刷石 C. 花岗岩 D. 干粘石

43. 高级抹灰是指( )。

A. 一层底层抹灰、一层面层抹灰

B. 一层底层抹灰、一层中间抹灰、一层面层抹灰

C. 一层底层抹灰、两层中间抹灰、一层面层抹灰

D. 一层底层抹灰、多层中间抹灰、一层面层抹灰

二、填空题

1. 按受力情况不同,墙体可分为_____和_____。

2. 作为建筑的_____构件时,墙起着抵御自然界各种因素对室内侵袭的作用。

3. 墙的稳定性与墙的长度、高度和_____有关。

4. 在框架结构中,墙只起_____、_____作用。

5. 常见的隔墙形式有_____、_____和_____隔墙。

6. 实心黏土砖的规格为_____,其强度等级有_____共_____个等级;砂浆
有_____、_____、_____三种,其强度等级有_____共_____个等级。

7. 砖墙厚度有_____、_____、_____、_____等,其相应的构造尺寸为_____、_____、_____、_____、_____。

8. 标准砖的规格为_____,砌筑砖墙时,必须保证上下皮砖_____搭接,避免形成通缝。

9. 墙体常见的结构布置方案有_____、_____、_____和_____四种。

10. 墙体的强度取决于砌墙砖和_____的强度等级。

11. 砖墙在砌筑时,须做到墙面美观、_____、内外搭接、_____。

12. 散水宽度应大于房屋挑檐宽_____,并应大于基础底外缘宽_____,以防止屋檐水滴入土中导致雨水浸泡基础。

13. 散水的坡度为_____,宽度一般不小于_____。

14. 细石混凝土防潮层的做法通常采用_____mm厚的细石混凝土防潮带,内配_____钢筋。

15. 当室内地面为不透水性地面时,把防潮层的上表面设置在室内地坪以下_____mm。

16. 门窗过梁的主要形式有_____、钢筋砖过梁和_____。

17. 为增加墙体的整体稳定性、提高建筑物的刚度,墙身加固的方法一般有_____、_____、_____等。

18. _____是沿房屋外墙、内纵承重墙和部分横墙设置的连续封闭式的梁。其作用是增强建筑物的空间刚度以及整体性。

19. 构造柱的截面尺寸宜采用_____,最小截面尺寸为_____。

20. 尺寸较大的板材饰面通常采用_____(填做法)。

三、名词解释

1. 山墙

2. 勒脚

3. 女儿墙

4. 构造柱

四、简答题

1. 勒脚的作用是什么？常见的做法有几种？

2. 防潮层的做法通常有哪几种？

3. 窗台的构造设计有哪些要点？

4. 隔墙的设计要求有哪些？

实训任务

1. 绘图说明散水及室内地坪的做法,请注明各材料层次以及必要尺寸(包括散水宽度与坡度)。

第 1 题图

2. 绘图说明墙身防潮的做法,并注明所有材料层次。

第 2 题图

3.设计砖墙的不悬挑窗台、过梁构造,并选用合适比例绘制出来。

第 3 题图

4. 试设计某五层办公楼的外墙脚构造（如图所示节点 1），该工程外墙厚度为 240 mm，外墙面采用 JH80-1 型米黄色外墙涂料。工程所在地为 7 度抗震设防地区，降雨量较大，设计室内外高差为 450 mm。

要求：勒脚的设计要求能有效防止地表水对墙脚的侵蚀，色彩与墙面色彩协调，表面光滑、耐久、易擦洗；散水（或明沟）应满足降雨量大的要求；防潮层应满足 7 度抗震设防地区的防震要求。

绘图要求：用 A4 图纸作节点 1 构造详图，用铅笔等工具作图，内容包括墙身勒脚、散水（或明沟）和防潮层；材料、尺寸和位置表示齐全正确，比例 1：20；要求线型选择与图面表达正确，文字用仿宋字书写。

第 4 题图

5. 试设计某五层办公楼二层平面的墙身构造柱与门窗过梁,该工程墙体厚度为 240 mm,平面布置如图所示,工程所在地为 7 度抗震设防地区。

要求:(1)在平面图上补充完整构造柱,并绘制出构造柱的横断面图,标明混凝土强度等级,钢筋的种类、数量和大小;(2)按要求设计出各类门窗的过梁,并绘制出过梁的横断面图,标明混凝土强度等级,钢筋的种类、数量和大小。

绘图要求:采用 A4 图纸,用铅笔等工具作图,内容包括构造柱和过梁;材料、尺寸和位置表示齐全正确;要求线型选择与图面表达正确,文字用仿宋字书写。

注:未注明门垛为120 mm。

标准层平面图1:100

第 5 题图

任务 2.4　楼地层

一、选择题

1. 实铺地坪一般由（　　）几个基本层次组成。

A. 面层　　　　B. 结合层　　　C. 垫层

D. 防潮层　　　E. 基层

2. 当房间的跨度超过 10 m，并且平面形状近似正方形时，常采用（　　）。

A. 板式楼板　　B. 肋梁楼板　　C. 井式楼板　　D. 无梁楼板

3. 现浇钢筋混凝土楼板的特点在于（　　）。

A. 施工简便　　B. 整体性好　　C. 工期短　　　D. 不需湿作业

4. 地面按所用材料和做法可分为（　　）。

A. 水磨石地面、块料地面、塑料地面、木地面

B. 块料地面、塑料地面、木地面、泥地面

C. 整体地面、块料地面、塑料地面、木地面

D. 刚性地面、柔性地面

5. 以下（　　）为整体地面。

①细石混凝土地面　　　　　②花岗岩地面

③水泥砂浆地面　　　　　　④地毯地面

A. ①、③　　　B. ②、③　　　C. ①、④　　　D. ②、④

6. 水磨石地面设置分格条的作用是（　　）。

①坚固耐久　②便于维修　③防止产生裂缝　④防水

A. ①、②　　　B. ①、③　　　C. ②、③　　　D. ③、④

7. 楼板上采用十字形梁或花篮梁是为了（　　）。

A. 使顶棚美观　　　　　　　　　B. 施工方便

C. 减少楼板所占空间　　　　　　D. 减轻梁的自重

8. 压型钢板组合楼板由（　　）等组成。

A. 压型钢板　B. 压钉　　　C. 抗剪钉　　D. 混凝土　　E. 主筋

9. 以下（　　）不是压型钢板组合楼板的优点。

A. 省去了模板　　　　　　　　　B. 简化了工序

C. 技术要求不高　　　　　　　　D. 板材的生产易实现工业化

10. 空心板在安装前，孔的两端常用混凝土块或碎砖块堵严，其目的是（　　）。

A. 增加保温性　　　　　　　　　B. 避免板端被压坏

C. 增强整体性　　　　　　　　　D. 避免板端滑移

11. 预制钢筋混凝土楼板间应留缝隙的原因是(　　)。

A. 受板宽规格的限制,实际尺寸小于标志尺寸　B. 有利于预制板的制作

C. 有利于加强板的强度　　　　　　　　　　　D. 有利于房屋整体性的提高

12. 预制板侧缝间需灌注细石混凝土,当缝宽大于(　　)时,须在缝内配纵向钢筋。

A. 30 mm　　B. 50 mm　　C. 60 mm　　D. 80 mm

13. 预制钢筋混凝土梁搁置在墙上时,应在梁与砌体间设置混凝土或钢筋混凝土垫块,其目的是(　　)。

A. 扩大传力面积　　　　　　　　　　B. 简化施工

C. 增大室内净高　　　　　　　　　　D. 避免梁端滑移

14. 单向板肋梁楼盖荷载的传递途径为(　　),适用于平面尺寸较大的建筑。

A. 主梁—次梁—板—墙　　　　　　　B. 板—次梁—主梁—墙

C. 次梁—主梁—板—墙　　　　　　　D. 板—主梁—次梁—墙

15. 双向板板底受力钢筋的放置应该是(　　)。

A. 短向钢筋在上,长向钢筋在下

B. 短向钢筋是受力钢筋,长向钢筋是分布钢筋

C. 短向钢筋在下,长向钢筋在上

D. 短向钢筋在上在下无所谓

16. 悬吊式顶棚主要由(　　)等组成。

A. 基层　　　B. 找平层　　　C. 吊筋　　　D. 骨架　　　E. 面板

17. 吊顶的吊筋是连接(　　)的承重构件。

A. 搁栅和屋面板或楼板等　　　　　　B. 主搁栅与次搁栅

C. 搁栅与面层　　　　　　　　　　　D. 面层与面层

18. 阳台的结构形式没有(　　)的说法。

A. 墙承式　　B. 挑板式　　C. 肋梁式　　D. 挑梁式

19. 低层、多层住宅阳台栏杆净高不应低于(　　)mm,中高层、高层住宅阳台栏杆净高不应低于(　　)mm。

A. 900　　　B. 1000　　　C. 1050　　　D. 1100

20. 阳台栏杆的垂直杆件间净距不应大于(　　)mm。

A. 110　　　B. 120　　　C. 130　　　D. 150

21. 管线穿越楼板时,(　　)需加套管。

A. 下水管　　B. 自来水管　　C. 电信管　　D. 暖气管

二、填空题

1. 楼板按所用材料的不同分为_____、_____、_____和_____等。

2. 楼板层的组成主要包括_____、_____和_____,根据建筑物的使用功能

的不同,还可以在楼板层中设置_____。

3. 按施工方式不同,钢筋混凝土楼板分为_____、_____和_____三种。

4. 根据受力和传力情况,现浇式钢筋混凝土楼板分为_____、_____、_____、压型钢板组合楼板。

5. 楼板在砖墙上的搁置长度一般不小于_____。梁在砖墙上的搁置长度与梁高有关:当梁高不超过 500 mm 时,其搁置长度不小于_____;当梁高超过 500 mm 时,其搁置长度不小于_____。

6. 根据构造形式的不同,木楼地面分为_____和_____。

7. 实铺地坪一般由_____、_____、_____三个基本层次组成。

8. 顶棚的构造方式有_____和_____两种。

9. 直接式顶棚有_____、_____与_____三种。

10. 板式楼梯中的单向板是指_____,双向板是指_____。

11. 阳台按其与外墙的相对位置分为_____、_____、_____、_____。

12. 阳台的台面应该低于室内地面_____ mm,其次在阳台台面上设置不小于_____的排水坡、坡向排水口,水舌外挑的长度不小于_____ mm。

三、名词解释

1. 无梁楼板

2. 叠合楼板

3. 顶棚

4. 雨篷

四、简答题

1. 楼板层由哪几部分组成?对楼板层的要求有哪些?

2. 简述现浇板的种类及特点。

3. 单向板与双向板在构造上各有什么特点?

4. 压型钢板组合楼板有何特点?其组成是怎样的?

实训任务

1. 绘图说明木地板楼地面、水泥砂浆楼地面的构造层次。

木地板楼地面构造　　　　　　　水泥砂浆楼地面构造

第 1 题图

2. 根据节点构造图,对应选择多层材料的标注文字。

A——10 mm 厚 1:3 水泥砂浆找平层

B——喷刷涂料

C——100 mm 厚钢筋混凝土结构层

D——3 mm 厚麻刀灰面层

E——20 mm 厚 1:3 干硬性水泥砂浆结合层

F——20 mm 厚 600 mm×600 mm 大理石干水泥擦缝

G——20 mm 厚 1:2 水泥砂浆找平层

3. 绘图说明阳台剖面图中地面和顶棚的材料层次及阳台的必要尺寸。要求标明地面坡度、地面高差、栏板高度以及滴水做法等。

第 2 题图

第 3 题图

4. 试设计某办公楼的室内楼板层的细部构造,具体部位如下:办公室的楼板层细部构造、卫生间的楼板层细部构造、办公室地坪层构造。

要求:(1)楼板层采用 100 mm 厚钢筋混凝土楼板,地坪层采用 80 mm 厚 C10 细石混凝土垫层;(2)办公室楼板层顶棚选用直接式顶棚,卫生间楼板层选用悬吊式顶棚,办公室和卫生间地面设计要求色彩、质地和图案符合其功能性需求,选用材料应环保、整洁、防滑、耐磨。

绘图要求:用 A4 图纸作楼板层构造详图,比例自定;要求线型选择与图面表达正确,文字用仿宋字书写;用铅笔等工具作图。

标准层平面图 1:100

注:未注明门垛为 120 mm。

办公室楼地面及顶棚构造 1:10　办公楼卫生间防水构造 1:10　办公室地面构造 1:10

第 4 题图

任务 2.5　楼梯

一、选择题

1. 在众多楼梯形式中,不宜用于疏散的楼梯是(　　)。

A. 直跑楼梯　B. 两跑楼梯　C. 剪刀楼梯　D. 螺旋楼梯

2. 现浇式钢筋混凝土梁板式楼梯的梁和板分别是指(　　)。

A. 平台梁和平台板　　　　　　　　B. 斜梁和梯段板

C. 平台梁和梯段板　　　　　　　　D. 斜梁和平台板

3. 现浇式钢筋混凝土梁板式楼梯没有(　　)的结构做法。

A. 梯段一侧设斜梁　　　　　　　　B. 梯段两侧设斜梁

C. 梯段两端设斜梁　　　　　　　　D. 梯段中间设斜梁

4. 楼梯的坡度一般常在(　　)之间。

A. 20°～60°　B. 30°～60°　C. 20°～50°　D. 20°～45°

5. 楼梯一跑梯段的踏步数不应大于(　　)步。

A. 9　　　　　　　B. 12　　　　　　C. 15　　　　　　D. 18

6. 踢脚板的高度一般取(　　)mm。

A. 100～150　　　　　　　　　　　B. 150～180

C. 180～240　　　　　　　　　　　D. 240～300

7. 一般建筑物楼梯应至少满足两股人流通行,楼梯段的宽度不小于(　　)。

A. 900 mm　B. 1000 mm　C. 1100 mm　D. 1200 mm

8. 住宅建筑规定:6 层及以下的单元式住宅,其楼梯段的最小净宽不小于(　　)。

A. 1000 mm　B. 900 mm　　C. 1050 mm　D. 1100 mm

9. 为了安全,平行双跑楼梯的梯井宽度在(　　)之间为宜。

A. 20～100 mm　　　　　　　　　　B. 0～60 mm

C. 60～200 mm　　　　　　　　　　D. 100～260 mm

10. 当楼梯平台下需要通行时,一般其净空高度不小于(　　)。

A. 2100 mm　B. 1900 mm　C. 2000 mm　D. 2400 mm

11. 一般楼梯梯段部分的净高不小于(　　)mm。

A. 1800　　　　　B. 2000　　　　　C. 2200　　　　　D. 2400

12. 下列材料中,不宜用于防滑条的为(　　)。

A. 金刚砂　　　B. 缸砖　　　　C. 水磨石　　　D. 钢板

13. 楼梯扶手在转弯处应避免下图中的(　　)方式。

A. （鹤颈）　　　　　　　　B. （断开）

C. （硬接）　　　　　　　　D. （水平）

14. 楼梯段基础的做法有在楼梯段下（　　　）等方式。

A. 设砖基础　　　　　　B. 设石基础　　　　　　　　C. 设混凝土基础

D. 设地梁　　　　　　　E. 不设基础

二、填空题

1. 在建筑物中，为解决垂直交通和高差问题，常采用 _____、_____、_____、_____、自动扶梯、爬梯等措施。

2. 按主要承重结构的材料分，楼梯可分为 _____、_____、_____ 等，其中 _____ 使用最普遍。

3. 民用建筑中最为常用的楼梯形式为 _____，高度越过 _____ m 的高层建筑应采用防烟楼梯。

4. 楼梯的坡度范围在 _____ 之间，_____ 最为适宜。

5. 楼梯一般由 _____、_____ 和 _____ 三部分组成。每个楼梯的步级数不少于 _____ 级，不大于 _____ 级，确定踏步尺寸常用的公式为 _____，式中数据为人行走的 _____。

6. 现浇梁承重楼梯根据梯段结构形式的不同可分为 _____ 和 _____ 两种。

7. 在室外台阶与出入口之间一般设有平台，平台表面比室内地面的标高略低 _____ mm，向外找坡 _____，以利排水。

8. 坡道的特点是通行方便、省力，但占建筑面积较大，室内坡道常小于 _____。

9. 一般建筑物楼梯应至少满足两股人流通行，楼梯段的宽度不小于 _____；6 层及以下的单元式住宅，其楼梯段的最小净宽不小于 _____；双跑平行式楼梯的楼梯平台宽度不小于 _____；建筑物室内楼梯成人扶手高度一般为 _____；幼儿园建筑的楼梯应增设幼儿扶手，高度为 _____，平台上水平扶手长度超过 500 mm 时，其高度不应小于 _____。

10. 楼梯休息平台深度一般应 _____ 梯段宽度。

11. 楼梯平台的主要作用是 _____ 和 _____。

12. 踢脚板的高度为 _____ mm，所用材料一般与 _____ 一致。

13. 底层中间平台下作出入口的处理方式有 _____、_____、_____、_____。

14. 楼梯、电梯、自动扶梯是各楼层间的上、下交通设施,有了电梯和自动扶梯的建筑还是否需要设置楼梯?_____(填"是"或"否")

三、名词解释

1. 台阶、坡道

2. 楼梯段、楼梯井

3. 楼梯的净空高度

4. 明步楼梯、暗步楼梯

四、简答题

1. 简述楼梯各部分的作用。

2. 楼梯设计有什么要求?对楼梯尺寸的要求有哪些?

3. 当楼梯地层平台下作通道、净空高度不满足要求时,常采用哪些解决措施?试绘图说明。

4. 楼梯踏步的防滑处理措施有哪些?

实训任务

试设计某办公楼首层至三层的楼梯,楼梯间平面尺寸如图所示。该办公楼层高 3000 mm,室内外高差为 750 mm,楼梯间墙厚均为 240 mm,楼梯平台下作出入口,平台梁高为 300 mm,首层休息平台可视情况决定是否设平台梁,该办公楼所有板厚均为 100 mm。

要求:楼梯踏步宽度、高度、休息平台尺寸均满足规范要求。

绘图要求:在 A3 图纸上完成楼梯的平面图和剖面图,比例 1∶50;制图须符合《房屋建筑制图统一标准》(GB/T 50001—2017)的要求,内容表达必须满足施工图深度要求,文字用仿宋字书写,用铅笔等工具作图。

注:未注明门垛为120 mm。

标准层平面图1∶100

任务2.6　屋顶

一、选择题

1. 屋顶具有的功能有(　　)。

① 遮风　② 挡雨　③ 保温　④ 隔热

A. ①、②　　　　　　　　　　B. ①、②、④

C. ③、④　　　　　　　　　　D. ①、②、③、④

2. 平屋顶的屋面坡度一般为(　　)。

A. ＜10％　　　B. ＜5％　　　C. 2％～3％　　　D. 0

3. 钢筋混凝土平屋顶的排水坡度用得最多的是(　　)。

A. 5％～10％　　B. 1％～5％　　C. 2％～3％　　D. 7％～8％

4. 机制平瓦屋面的坡度应为(　　)。

A. 3％～5％　　B. 10％～20％　C. 20％～40％　D. 40％～50％

5. 平坡屋顶的坡度分界线是(　　)。

A. 5％　　　　　B. 8％　　　　　C. 10％　　　　　D. 15％

6. 在坡屋顶的构造层次中,下列(　　)构件属于承重结构层。

A. 三角形钢屋架　　　　　　　B. 钢板彩瓦

C. 油毡　　　　　　　　　　　D. 吊顶龙骨

7. 硬山屋顶的做法是(　　)。

A. 檐墙挑檐　　B. 山墙挑檐　　C. 檐墙包檐　　D. 山墙封檐

8. 屋顶是建筑物最上面起维护和承重作用的构件,屋顶构造设计的核心是(　　)。

A. 承重　　　　B. 保温隔热　　C. 防水和排水　D. 隔声和防火

9. 自由落水挑檐从屋顶悬挑时,应挑出不小于(　　)mm 宽的板。

A. 200　　　　　B. 250　　　　　C. 300　　　　　D. 400

10. 平屋顶采用材料找坡的形式时,垫坡材料不宜用(　　)。

A. 水泥炉渣　　B. 石灰炉渣　　C. 细石混凝土　D. 膨胀珍珠岩

11. 屋顶坡度的形式有材料找坡和结构找坡,其中(　　)属材料找坡。

A. 利用结构层　　　　　　　　B. 利用卷材的厚度

C. 利用屋面板的搁置　　　　　D. 选用轻质材料找坡

12. 屋面排水区一般按每个雨水口排出(　　)屋面(水平投影)雨水来划分。

A. 100～120 m²　　　　　　　B. 150～200 m²

C. 120～150 m²　　　　　　　D. 200～250 m²

13. 按照檐沟在屋顶的位置,有组织外排水的屋顶形式没有(　　)等。

A. 沿屋顶四周设檐沟　　　　　　　B. 沿山墙设檐沟

C. 女儿墙外设檐沟　　　　　　　　D. 女儿墙内设檐沟

14. 规范规定屋面工程防水共划分为(　　)个等级。

A. 三　　　　　B. 二　　　　　C. 五　　　　　D. 四

15. (　　)不属于柔性防水屋面的基本构造层次之一。

A. 防水层　　　B. 隔离层　　　C. 结构层　　　D. 找平层

16. 在刚性防水屋面中,可用作浮筑层的材料是(　　)。

A. 石灰砂浆　　　　　　　　　　　B. 水泥砂浆

C. 细石混凝土　　　　　　　　　　D. 混合砂浆

17. 屋面卷材防水层的施工,找平层转角处应抹成(　　)形,并设置分格缝。

A. 锐角　　　　B. 直角　　　　C. 圆弧　　　　D. 任意角

18. 混凝土刚性防水屋面的防水层应采用不低于(　　)级的细石混凝土整体现浇。

A. C15　　　　B. C20　　　　C. C25　　　　D. C30

19. 屋面分仓缝处常用的密封材料为(　　)。

A. 水泥砂浆　　　B. 油膏　　　C. 细石混凝土　　　D. 防水砂浆

20. 刚性屋面分格缝的间距一般不大于(　　),并应位于结构变形的敏感部位。

A. 3 m　　　　B. 6 m　　　　C. 9 m　　　　D. 12 m

21. 屋面的水泥砂浆找平层应留设分格缝,分格缝的最大间距为(　　)。

A. 纵横向均为 4 m　　　　　　　　B. 纵向 6 m,横向 4 m

C. 纵横向均为 6 m　　　　　　　　D. 纵向 4 m,横向 6 m

22. 泛水系屋面防水层与垂直墙交接处的防水处理,其高度应不小于(　　)mm。

A. 120　　　　B. 180　　　　C. 200　　　　D. 250

23. 关于屋面泛水构造要点,以下说法错误的是(　　)。

A. 泛水的高度一般不小于 250 mm

B. 在垂直面与水平面交接处要加铺一层卷材

C. 在垂直面与水平面交接处转圆角或做 45° 斜面

D. 防水卷材的收头处要留缝以适应变形

24. 屋面防水工程施工铺贴卷材,当屋面坡度小于 3% 时,宜(　　);当屋面坡度在 3%～15% 之间时,可以(　　)。

A. 垂直屋脊铺贴　　　　　　　　　B. 平行屋脊铺贴

C. 平行或垂直屋脊铺贴　　　　　　D. 无规则,可任意铺贴

25. 当屋面坡度大于 15% 时,关于沥青防水卷材铺贴,说法正确的是(　　)。

A. 任意铺贴　　　　　　　　　　　B. 垂直于屋脊铺贴

C. 平行于屋脊铺贴　　　　　　　　D. 不宜使用卷材

26. 当铺贴连续多跨的屋面卷材时,应按( )的次序施工。

A. 先低跨后高跨,先远后近　　　　　B. 先高跨后低跨,先远后近

C. 先低跨后高跨,先近后远　　　　　D. 先高跨后低跨,先近后远

27. 卷材的铺贴方法中,当防水层上有重物或基层变形较大、保温层或找平层含水率较大且干燥困难时,不宜采用( )。

A. 满粘法　　　　　　　　　　　　B. 空铺法

C. 点粘法、条粘法　　　　　　　　D. 机械固定法

28. 防水混凝土的水泥用量不得( )。

A. 少于 300 kg/m³　　　　　　　　B. 少于 320 kg/m³

C. 少于 340 kg/m³　　　　　　　　D. 少于 280 kg/m³

29. 关于屋面保温构造,( )的做法是错误的。

A. 保温层位于防水层之上　　　　　B. 保温层位于结构层与防水层之间

C. 保温层与结构层结合　　　　　　D. 保温层与防水层结合

30. 平屋顶隔热的构造做法主要有( )等。

A. 通风隔热　　　　　　　　　　　B. 蓄水隔热

C. 洒水隔热　　　　　　　　　　　D. 植被隔热

E. 反射降温隔热

二、填空题

1. 屋顶由四部分组成,即 _____、_____、_____、_____。

2. 常见的屋顶形式分为三大类:_____、_____、_____。

3. 屋顶的作用主要有 _____、_____、_____。

4. 坡屋顶常见的承重结构有 _____、_____和 _____。

5. Ⅱ级防水屋面的使用年限为 _____年,适用于 _____。

6. 平屋顶的排水方式分为 _____和 _____两种。

7. 屋顶排水坡度的形成方式有 _____和 _____两种。

8. 有组织排水的排水装置有 _____、_____、_____等。

9. 屋面雨水口的位置均匀布置。一般民用建筑的雨水口间隔不宜超过 _____ m,最大不能超过 _____ m。

10. 落水口有两种形式,是 _____和 _____。

11. 平屋顶常用的外排水方式有 _____和 _____两种。

12. 按屋面防水材料不同,平屋顶可分为 _____和 _____。

13. 泛水的高度一般不小于 _____。泛水是指屋面防水层与垂直墙面交接处的 _____,在垂直面与水平面交接处要加铺一层卷材,并且 _____,防水卷材的收头处要进行 _____。

14. 刚性防水屋面施工方便,造价经济,但是对_____和_____比较敏感,会引起刚性防水层开裂。

15. 刚性屋面分仓缝的控制面积为_____ m²。

16. 刚性防水屋面的基本构造由_____、_____、_____、_____组成,其分格缝的间距一般不大于_____,分格缝的宽度为_____。

17. 平屋顶的隔热方式有_____、_____、_____、_____等。

三、名词解释

1. 构造垫置

2. 结构搁置

3. 泛水

4. 分仓缝

四、简答题

1. 屋顶的排水方式有哪些?各自的适用范围是什么?

2. 为什么要在油毡防水层上做保护层?保护层的做法有哪些?

3. 刚性防水屋面裂缝形成的原因是什么?其预防构造措施有哪些?

4. 平屋顶的保温构造有哪几种做法?其隔热措施有哪些?试绘图说明。

实训任务

1. 试绘图说明刚性防水屋面的构造层次。

第 1 题图

2. 设计刚性防水屋面的泛水构造,并选用合适比例绘制出来。

密封膏嵌缝

附加卷材贴牢

密封膏嵌缝宽30 mm

山墙泛水

第 2 题图

3.设计平屋顶的泛水构造,补充图示内容。

水泥砂浆打底
滚涂白色外墙乳胶漆

20 mm厚1：2.5水泥砂浆找平
100 mm厚水泥珍珠岩板保温层
100 mm厚现浇钢筋混凝土屋面板

密封层

2%

细石混凝土填筑天沟

18 mm厚水泥石灰砂浆打底
纸筋灰粉面，刷白二度

13.600

注发泡剂

水泥砂浆打底
滚涂白色外墙乳胶漆

第 3 题图

4. 试绘图说明坡屋顶的构造层次与檐沟的构造层次。

250

第 4 题图

5. 某办公楼的屋顶平面底图如下图所示,采用平屋顶形式。所在区域降雨量大,冬暖夏热。试设计该屋顶的排水、防水、保温隔热构造。

要求:(1)屋顶排水必须选择适合平屋顶的排水方式,在办公楼屋顶平面图上补充完整排水平面图,包括分水线、坡度、天沟、排水管等内容,设计必须科学合理;(2)屋面防水构造设计满足降雨量大的特点,防水材料选用 SBS 防水卷材,并作出屋面与女儿墙相交处泛水大样;(3)按当地气候特点设计保温隔热层,选择合适的隔热保温构造。

绘图要求:(1)用 A4 图纸作屋顶平面图底图,在底图上绘制出排水设计;(2)通过作节点构造详图,设计屋面防水(包括泛水构造)和保温隔热构造,详图采用断面图的形式表达清楚,并进行必要的文字说明;(3)要求线型选择与图面表达正确,文字用仿宋字书写,用铅笔等工具作图。

屋顶平面图1∶100

第 5 题图

任务 2.7　门窗

一、选择题

1. 防火规范规定,使用人数超过(　　)人及使用面积超过(　　)m^2 的房间,门的数量不应少于两个。

A. 60,50
B. 50,60

C. 50,80
D. 60,70

2. 门的开启方式有很多种,其中(　　)应用最为广泛。

A. 弹簧门　　　　B. 推拉门　　　　C. 转门　　　　D. 平开门

3. 民用建筑中的生活、学习或工作用房,窗台的高度一般为(　　)mm。

A. 600　　　　B. 800　　　　C. 900　　　　D. 1000

4. 在居住建筑中,室内卧室门的宽度一般为(　　)mm。

A. 700　　　　B. 800　　　　C. 900　　　　D. 1000

5. 下列不属于窗的组成部分的是(　　)。

A. 五金件　　　　B. 窗樘　　　　C. 窗框　　　　D. 窗扇

6. 铝合金门窗中的 90 系列是指(　　)。

A. 20 世纪 90 年代标准
B. 框宽(厚)90 mm

C. 洞口尺寸 900 mm
D. 型材薄壁厚 9 mm

7. 铝合金门窗的缺点是(　　)。

A. 隔音性差　　B. 易变形　　　C. 易腐蚀　　　D. 有较高的导热性

8. 下列(　　)为通风天窗,而采光天窗有矩形天窗、平天窗、三角形天窗、横向下沉式天窗等。

①矩形天窗　　②井式天窗　　③平天窗　　④三角形天窗

A. ①、②　　　B. ①、③　　　C. ①、④　　　D. ②、④

二、填空题

1. 窗按开启方式不同可分为_____、_____、_____、_____、_____和固定窗。

2. 门按开启方式不同可分为_____、_____、_____、_____、_____、_____、_____等。

3. 使用人数多的房间,如会议室、餐厅等,考虑安全疏散要求,门应向_____开。

4. 常见的门窗按照材料可分为_____、_____和_____。

5. 门窗洞口宽、高的尺寸,一般为_____ mm 的倍数;当洞口小于 1000 mm 时,为_____ mm 的倍数。

6. 门窗的安装有_____和_____两种方式。

7. 构造遮阳的形式一般可分为_____、_____、_____和_____四种。

三、名词解释

1. 悬窗

2. 天窗

3. 窗地比

4. 立口、塞口

5. 自然通风、机械通风

实训任务

1. 第 1 题图所示为带高级装修的门洞处局部详图,请标注出图中各构造层次。

门扇

木线条

第 1 题图

2. 针对教室的室内装修门窗工程,剖析其主要构造设计做法,画出至少 2 个部位的构造大样图,要求构造设计清晰可靠、尺度合理、方便易行,并符合整体环境设计。

完成以下内容的编制:室内装修材料与构造设计说明(200 字左右),室内装修做法说明(200 字左右)。

模块三　建筑施工图识读

任务 3.1　房屋建筑工程施工图概述

一、选择题

1. 详图索引符号—$\binom{2}{3}$圆圈内的 3 表示（　　）。

A. 详图所在的定位轴线编号　　　　　B. 详图的编号

C. 详图所在的图纸编号　　　　　　　D. 被索引的图纸的编号

2. 下列叙述中，不正确的是（　　）。

A. 3％表示长度为 100 mm、高度为 3 mm 的坡度倾斜度

B. 指北针一般画在总平面图和底层平面图上

C. 总平面图中的尺寸单位为毫米，标高尺寸单位为米

D. 总平面图的所有尺寸单位均为米，标注至小数点后两位

3. 在建筑平面图中，外墙应注三道尺寸。最外一道尺寸表示（　　）。

A. 轴线间尺寸　　　　　　　　　　　B. 外墙的细部尺寸

C. 两端外墙面间的总尺寸　　　　　　D. 房间的开间和进深

4. 在 2 号轴线之后附加第一根轴线的轴号是（　　）。

A. 2/1　　　　B. 1/2　　　　C. 1/3　　　　D. 3/2

5. 标高的单位是（　　）。

A. mm　　　　B. cm　　　　C. m　　　　D. km

6. 在索引符号表示中，圆的直径是（　　）。

A. 8 mm　　　B. 10 mm　　　C. 12 mm　　　D. 14 mm

7. 在详图符号表示中，圆的直径是（　　）。

A. 8 mm　　　B. 10 mm　　　C. 12 mm　　　D. 14 mm

8. 指北针的圆圈直径宜为（　　）。

A. 14 mm　　　B. 18 mm　　　C. 24 mm　　　D. 30 mm

9. 在指北针符号表示中，箭头尾部的宽度是（　　）。

A. 1 mm　　　B. 2 mm　　　C. 3 mm　　　D. 4 mm

10. 建筑工程图的尺寸标注中，（　　）以米为单位。

A. 平面图　　　B. 立面图　　　C. 剖面图　　　D. 总平面图

11. 对于( ),一般用分轴线表达其位置。

A. 隔墙   B. 柱子   C. 大梁   D. 屋架

12. 关于风玫瑰图的概念,下列说法正确的是( )。

A. 各个方向吹风次数百分数值   B. 8个或16个罗盘方位

C. 各个方向的最大风速   D. 风向是从外面吹向中心的

13. 房屋建筑工程图由( )这几个专业工种的施工图组成。

A. 总平面图   3. 建筑施工图   C. 结构施工图

D. 基础施工图   E. 设备施工图

14. 建筑工程图中,标高的种类有( )。

A. 装修标高   B. 绝对标高   C. 相对标高

D. 建筑标高   E. 结构标高   F. 测量标高

15. 建筑物室内外地面高差由( )决定。

A. 防水防潮要求   B. 建筑层高要求   C. 内外联系方便程度

D. 地形及环境条件   E. 建筑造型要求

16. 净高指室内顶棚底表面到室内地坪表面间的距离,当中间有梁时,以( )表面计算。

A. 梁顶   B. 梁底   C. 楼板底   D. 楼板面

17. 以下关于钢筋混凝土构件模板图的说法,正确的有( )。

A. 又叫支模图   B. 主要表达构件的外形及尺寸

C. 应标明预埋件的位置   D. 是构件模板制作的依据

E. 由现场施工人员绘制

18. 整套施工图纸的编排顺序是( )。

①设备施工图   ②建筑施工图   ③结构施工图   ④图纸目录   ⑤总说明

A. ①⑤②③④   B. ①②③④⑤

C. ④⑤②③①   D. ⑤②③④①

二、填空题

1. 房屋施工图包括_____施工图、_____施工图和设备施工图。

2. 定位轴线端部的圆圈直径为_____ mm,索引符号的圆的直径是_____ mm,详图的圆的直径是_____ mm,指北针的圆的直径是_____ mm。

3. 标高符号为_____,高约_____。

4. 建筑施工图的首页图主要包括_____、_____、_____和_____。

5. 总平面图常用的比例有_____、_____、_____和_____。平面图常用的比例有_____、_____和_____。

6. 建筑立面图的命名方式有_____、_____和_____。

7. 楼梯详图一般包括_____、_____和_____三部分内容。

8. 某建筑物一层地面标高为±0.000 m,支撑二层楼板的梁底标高为 2.830 m,梁高 600 mm,二层预制楼板厚 125 mm,二层楼地面面层厚 45 mm,该建筑物的一层层高为_____ m。

三、判断题

1. 建筑物的层高是指楼地面到楼板下凸出物底面的垂直距离。 （ ）

2. 建筑的使用面积是指房屋建筑外墙所包围各层面积的总和,包括结构厚度所占的面积在内。 （ ）

四、简答题

1. 房屋建筑设计包括哪几个阶段?

2. 房屋建筑施工图按专业是如何分类的?

3. 什么是建筑施工图? 它包含哪些图?

4. 简述房屋建筑施工图识读的一般方法与步骤。

实训任务

1. 定位轴线的编号及顺序练习:按编号的顺序补充第 1 题图的轴号。

第 1 题图

2. 详图符号注写练习:分别说明第 2 题图中两个符号表示的含义。

第 2 题图

3. 按国标要求在指定区域画出各材料图例。

钢筋混凝土	夯实土壤
砖	多孔材料
灰土、砂	防水材料

第 3 题图

4. 写出下列各图例所表示的构件名称。

（　　　）　　　　　　　（　　　）

（　　　）　　　　　　　（　　　）

第 4 题图

5. 下图为某住宅的底层平面图,已知客厅、餐厅、活动房及卧室的地面标高为 ±0.000,厨房的地面比客厅地面低 300 mm,楼梯间地面标高为 0.600 m,卫生间地面比卧室低 50 mm,室内外高差为 600 mm,画图比例为 1:100,试根据以上条件完成下列各题。

底层平面图 1:100

第 5 题图

(1) 按编号顺序标注出本张图纸定位轴线的编号。

(2) 若要在 1 号轴线前附加一根定位轴线、在 B 号轴线后附加一根定位轴线,则其轴线编号可分别表示为_____、_____。

(3) 请标注室内客厅、卧室、卫生间、厨房、活动房及室外地坪的地面标高。

(4) 已知卧室的开间和进深分别为 4000 mm 和 4200 mm,请在图中标出卧室的开间和进深。(已知卧室窗户 C2416 的宽度为 2400 mm,位置居中,请在图中标注此窗的尺寸)

(5) 已知本工程的方位为上北下南,请画出本工程指北针的符号。

任务 3.2 建筑施工图识读

一、选择题

1. 建筑施工图首页图不包括(   )内容。

A. 图纸目录   B. 设计说明   C. 总平面图   D. 工程做法表

2. (   )必定属于总平面图表达的内容。

A. 相邻建筑的位置   B. 墙体轴线

C. 柱子轴线   D. 建筑物总高

3. (   )反映建筑的平面形状、位置、朝向和与周围环境的关系,因此是新建筑施工定位、土方施工及作施工总平面图设计的重要依据。

A. 建筑施工图   B. 结构施工图

C. 总平面图   D. 设备施工图

4. 在总平面布置图中,原有建筑物的轮廓线应采用细实线绘制,新建建筑物的轮廓线采用(   )绘制,计划扩建的建筑物采用中虚线绘制。

A. 粗实线   B. 细虚线   C. 细实线   D. 中粗点画线

5. (   )主要用来表示房屋的规划位置、外部造型、内部布置、内外装修、细部构造、固定设施及施工要求等。

A. 建筑施工图   B. 结构施工图

C. 总平面图   D. 设备施工图

6. 建筑平面图不包括(   )。

A. 基础平面图   B. 首层平面图

C. 标准平面图   D. 屋顶平面图

7. 建筑平面图中的标高采用(   )。

A. 相对标高   B. 零点标高   C. 绝对标高   D. 结构标高

8. 关于建筑平面图的图示内容,以下说法错误的是(   )。

A. 表示内外门窗位置及编号   B. 画出室内设备位置和形状

C. 注出室内楼地面的标高   D. 表示楼板与梁柱的位置及尺寸

9. (   )(除了屋顶平面图之外)用一个假想的水平剖切面,在房屋的门窗洞位置剖开整栋房屋。它反映了建筑物的平面形状、大小和房间的布置,墙或柱的位置、大小和材料,门窗的类型和位置等情况。

A. 建筑平面图   B. 建筑立面图

C. 建筑剖面图   D. 建筑施工图

10. 六层楼的房屋一般应画出三张平面图。当其中二、三、四、五层平面布置相同寸,合用一张平面图的图名应该为中间层平面图。建筑平面图中的尺寸除标高之外,都是以(　　)为单位。

A. km　　　　B. m　　　　C. cm　　　　D. mm

11. 建筑平面图的外墙一般应标注三道尺寸,内侧第一道尺寸是(　　),中间第二道尺寸是(　　),外侧第三道尺寸是(　　)。

A. 各细部的位置及大小　　　　　　　B. 外轮廓的总尺寸

C. 轴线间的距离

12. 建筑平面图反映出房屋的平面形状、大小,房间的布置,墙(或柱)的位置、厚度、材料,门窗的(　　)等情况。

A. 位置　　　B. 大小　　　C. 高度　　　D. 开启方向

13. 在建筑平面图中被剖切到的墙、柱断面轮廓应采用(　　)绘制,其定位轴线用细点画线绘制。

A. 粗实线　　B. 细虚线　　C. 细实线　　D. 中粗点画线

14. 砖混房屋结构平面图一般没有(　　)。

A. 基础平面图　　　　　　　　　　　B. 底层结构平面布置图

C. 楼层结构平面布置图　　　　　　　D. 屋面结构平面布置图

15. 在底层平面图上不表达(　　)。

A. 指北针　　　　　　　　　　　　　B. 剖切符号

C. 室外设计标高　　　　　　　　　　D. 雨篷的投影

16. 室外散水应在(　　)中画出。

A. 底层平面图　　　　　　　　　　　B. 标准层平面图

C. 顶层平面图　　　　　　　　　　　D. 屋顶平面图

17. 雨篷是建筑物上重要的附属构件,一般在(　　)平面图上予以表示。

A. 顶层　　　B. 中间层　　C. 首层　　　D. 二层

18. 房屋一般有四个立面,通常人们把反映房屋的外形主要特征和出入口的那个立面图称为(　　),相应地把其他各立面图称为左侧立面图、右侧立面图、背立面图。

A. 主视图　　B. 正立面图　C. 平面图　　D. 背立面图

19. 建筑立面图不可以用(　　)命名。

A. 朝向　　　B. 外貌特征　C. 结构类型　D. 首尾轴线

20. 在建筑立面图中,房屋最外轮廓线应采用(　　)绘制。

A. 粗实线　　B. 细虚线　　C. 细实线　　D. 中粗点画线

21. 建筑立面图要标注(　　)等内容。

A. 详图索引符号　　　　　　　　　　B. 入口大门的高度和宽度

C. 外墙各主要部位的标高　　　　　　D. 建筑物两端的定位轴线及其编号

E. 文字说明外墙面装修的材料及其做法

22. 建筑剖面图应标注(　　)等内容。

A. 门窗洞口高度　　　　　　　　　　B. 层间高度

C. 建筑总高度　　　　　　　　　　　D. 楼板与梁的断面高度

E. 室内门窗洞口的高度

23. 建筑剖面图的剖切位置应在(　　　)中表示,剖面图的图名应与其剖切线编号对应。

A. 总平面图　　　　　　　　　　　　B. 底层建筑平面图

C. 标准层建筑平面图　　　　　　　　D. 屋顶建筑平面图

24. 建筑剖面图一般不需要标注(　　)等内容。

A. 门窗洞口高度　　　　　　　　　　B. 层间高度

C. 楼板与梁的断面高度　　　　　　　D. 建筑总高度

25. 墙身详图要表明(　　　)。

A. 墙脚的做法　　　　　　　　　　　B. 梁、板等构件的位置

C. 大梁的配筋　　　　　　　　　　　D. 构件表面的装饰

E. 墙身定位轴线

26. 楼梯建筑详图包括(　　　)。

A. 平面图　　　　　　B. 剖面图　　　　　　C. 梯段配筋图

D. 平台配筋图　　　　E. 节点详图

二、简答题

1. 什么是总平面图? 它表达的主要内容有哪些?

2. 建筑平面图是怎样形成的? 其图示方法有什么特点?

3. 什么是建筑立面图? 建筑立面图表达的主要内容有哪些?

4. 建筑剖面图是怎样形成的? 其主要用途是什么?

5. 墙身详图、楼梯详图应包括哪些内容?

6. 建筑平、立、剖面图三种基本图样之间有什么关系?

实训任务

1. 识读某建筑平面图,并完成自测题。

注：1. 所有外墙、梯间墙均为180 mm厚，内墙120 mm厚；
　　2. 除说明外，所有门均为离开墙(柱)边60 mm开门。

二层平面图 1：100

第 1 题图

由图可知，该层平面图属_____层平面图，比例为_____，建筑物总宽为_____ mm，该建筑的朝向为_____，图中的单位除标高为 m 外，其余以_____为单位。外墙的厚度为_____ mm，内墙的厚度为_____ mm，客厅的开间为_____ mm，进深为_____ mm。该层建筑物门的型号有_____种，代号分别为_____，门的开启方式有_____两种，窗的型号有_____种，窗代号分别为_____。卧室的窗宽为_____ mm，客厅的阳台门（M5）宽为_____ mm。该建筑物本层的标高为_____ m,阳台的标高比客厅低_____。从平面上看,纵向定位轴线为_____,横向定位轴线为_____。本层共有_____个索引符号,其中表示详图在 J-08 图纸编号为 6 的索引符号为_____,它在本平面图里的看图方向为_____。

2. 在 A2 图纸上抄绘平面图,绘图步骤如下:

(1)准备好绘图工具和用品;

(2)根据所画图样的大小及复杂程度选择好比例,安排好图形的位置,定好图形的中心线,图面要适中、匀称,以获得良好的图面效果;

(3)首先绘出图形的定位轴线,再绘主要的轮廓线如墙体,然后由大到小、由外到里、由整体到局部,依次绘出所有的轮廓线;

(4)对图形进行标注并画出其他的符号;

(5)检查、修正底稿,补全遗漏,擦除多余的底稿线;

(6)加深图线;

(7)经过复核,由制图者签字。

建筑施工图识读报告综合实训

一、施工图识读一般知识

1. 按照专业分工的不同，建筑工程施工图可以分为 _____、_____ 和 _____。

2. 定位轴线采用 _____ 表示，末端用 _____ 画 _____，圆的直径为 _____，圆心应在 _____ 的延长线上或延长线的折线上，并在圆内注明编号。水平方向编号采用 _____ 从 _____ 到 _____ 顺序编写，竖向编号采用 _____ 从 _____ 到 _____ 顺序编写。拉丁字母 _____ 不得用作轴线号。

3. 标高有 _____ 和 _____ 两种，用来表示建筑物各部位的 _____。标高数字以 _____ 为单位，注写到小数点后面第 _____ 位（在总平面图中通常可以注写到小数点后面第 _____ 位）。总平面图中用涂黑的倒三角形符号表示 _____。绝对标高：_____。相对标高：_____。

4. 索引符号是用 _____ 画出来的，圆的直径为 _____。详图符号是用 _____ 画出来的，圆的直径为 _____。

5. 建筑物的某些部位需要用文字或详图加以说明时，可用引出线（用 _____ 绘制）从该部位引出。引出线用 _____ 方向的直线，或与水平方向成 30°、45°、60°、90°的直线，或经上述角度再折为水平的折线。

6. 用于多层构造的共同引出线，应通过被引出的多层构造，文字说明可注写在水平线的 _____，也可注写在水平线的 _____。说明的顺序 _____，与被说明的各层要相互一致。若层次为横向排列，则由上至下的说明顺序要与 _____ 的各层相互一致。

7. 如构件的图形为对称图形，绘图时可画对称图形的一半，并用 _____ 画出 _____，符号中平行线的长度为 _____，平行线的间距宜为 _____，平行线在对称线两侧的长度为 _____。

8. 一个构配件如果在绘制时位置不够，可以分成几个部分绘制，并用 _____ 表示，用 _____ 表示需要连接的部位，并在其两端靠图样的一侧，用 _____ 表示连接符号，两个被连接的图样必须用相同的编号。

9. 指北针符号的圆用 _____ 绘制，其直径为 _____，指北针尾部的宽度为 _____，并在指北针头部注写 _____ 字。

10. 在总平面图中通常用带有指北针的风向频率玫瑰图来表示该地区的常年

_____和房屋朝向。风由外面吹过建筑区域中心的方向称为_____,风向频率是在一定的时间内某一方向出现风向的次数占总观察次数的百分比,实线表示_____,虚线表示_____。

二、识读本习题集附图,完成以下识图报告

(一)识读图纸目录与建筑设计说明

1. 本工程名称为_____工程。本套图纸共包含建筑施工图_____张,其中,总平面图_____张,平面图_____张,立面图_____张,楼梯图纸_____张,详图_____张。

2. 本工程建筑面积为_____。

3. 本工程的结构安全等级为_____级。建筑结构安全等级共分为_____级,其中_____级适用于一般建筑,其建筑设计使用年限为_____。

4. 本工程的结构形式为_____,建筑层数为_____层。

5. 本工程的耐火等级为_____级。建筑物的耐火等级是按照建筑物的主要构件的_____和_____确定的,我国《建筑设计防火规范》(GB 50016—2014)把耐火等级分为_____、_____、_____、_____级,_____级最高,_____级最低。而《建筑设计防火规范》(GB 50016—2014)把高层民用建筑的耐火等级分为_____级。

6. 本工程的抗震设防烈度为_____度。抗震等级是否为 6 级?_____。

7. 本工程屋面防水等级为_____级,防水层合理使用年限为_____年。根据《屋面工程技术规范》(GB 50345—2012),屋面防水等级分为_____级。

8. 本工程墙体砌筑所选用的砖为_____,不同墙体材料连接处的抹灰需_____,其规格为_____,钢丝网固定需牢固。

9. 外墙的勒脚高为_____,其做法如下:_____。外墙所有受风雨作用的构造均应设_____,其做法如下:_____。

10. 楼地面在门洞位置处的具体做法是设置_____宽,长度_____的_____厚_____面层。有水房间楼面标高比同层楼面标高低_____,并应设向排水地漏方向的排水坡,且坡度不小于_____。

11. 本工程雨水管直径为_____,外排水管材质为_____,内排水管采用_____,排水口底部端头距散水坡面不大于_____。

12. 屋面基层与凸出屋面结构的连接处,水泥砂浆应做成_____,柔性防水应_____。屋面分格缝位置按_____进行分缝。

13. 本工程金属装饰构件先用防锈漆打底,再_____;门窗预埋件应做_____处理。

14. 本工程预埋木砖及贴邻墙体的木质面均应做_____，露明铁件均应做_____。

15. 本工程的顶棚为_____（填直接式或悬吊式）顶棚。

16. 试绘制本工程楼面的构造层次和地面的构造层次。要求画清各层图例、标清各层材料及做法。

（二）识读"J-02"

1. 本张图纸的图名为_____，绘图比例为_____。

2. 本项目总用地面积为_____，总建筑面积为_____，建筑基底占地面积为_____，项目容积率为_____，其中新建的单栋建筑物占地面积为_____。

3. 新建建筑物层数均为_____层，建筑高度为_____。

4. 本小区东南角有一拟拆除建筑物，东北方有两幢拟建建筑物，请在以下空白处绘出其图例符号。

（三）识读"J-03"

1. 本张图纸的图名为_____，本层建筑面积为_____，绘图比例为_____。

2. 该建筑物本层四周是否全部由外墙包围？_____。本层墙体的厚度为_____。

3. 从本平面图可以看出，建筑物的总长为_____，总宽为_____。本层的功能分区为_____。物业管理处房间的门宽为_____，窗宽为_____。

4. 从本平面图可以看出,建筑物共有柱子_____根。柱子是否以定位轴线为中心线?_____。柱子截面尺寸是否全部一样?_____。

5. 看该建筑物的主要入口处,入口处门的开启方式为_____,门的编号为_____,高度为_____,宽度为_____。从此入口向_____走可_____,该楼梯间标高为_____,楼梯间详图见_____。

6. 楼梯间北侧的窗编号为_____,共有_____扇;宽度为_____。

7. 该建筑物的室内外高差为_____,首层地面的标高为_____,室外地坪的标高为_____,此标高为_____。

8. 本建筑物南侧有对称的两弧形装饰墙,该墙的纵向投影长度为_____,横向投影长度为_____,弧度为_____。

10. 本层有剖面图符号_____,说明后续有_____个剖面图。

(四)识读"J-04"

1. 本张图纸的图名为_____,本层建筑面积为_____,绘图比例为_____。

2. 观察本层的功能分区,结合首层平面图的指北针,可知建筑物的朝向为_____。

3. 从本层房间的使用功能来看,本层分布有_____等。平面图的轴线编号:横向定位轴线_____,纵向定位轴线_____。从本图可以了解到各房间的开间和进深情况,如:客厅的开间为_____,进深为_____;北侧卧室的开间为_____,进深为_____;厨房的开间为_____,进深为_____;卫生间的开间为_____,进深为_____。

4. 本层建筑物外墙及梯间墙的厚度为_____,内墙的墙体厚度为_____。

5. 门定位尺寸距墙边或柱边_____。

6. 本工程为一梯_____户型,建筑物左右是否对称?_____。

7. 本层的标高为_____,阳台的标高为_____。

8. 本层入户门的编号为_____,尺寸为_____,类型为_____。由此门进入_____,客厅与餐厅之间是否有墙体?_____。进入客厅向南走,经过门_____(此门为_____。填类型、尺寸)有一_____,阳台的宽度为_____,类型为_____(填开放式或封闭式)。

9. 从客厅到卧室,需要经过门_____,此门为_____,尺寸为_____。主卧的开间为_____,进深为_____,主卧室的窗为_____,编号_____,尺寸为_____,材质为_____。卧室房有一间_____,此卫生间的门为_____,尺寸为_____,窗为_____,尺寸为_____。卫生间的地面比卧室地面_____。

10. 通过本图可以看出，楼梯间的开间是＿＿＿＿＿＿＿＿＿＿＿＿。

11. 本张图纸 1 号轴线墙体处有一索引符号＿＿＿＿＿＿＿＿＿，表示＿＿＿＿＿＿＿＿＿＿＿＿＿＿＿＿＿＿＿＿＿＿＿＿。看图的方向是＿＿＿＿＿＿＿＿＿＿＿＿。

12. 请在下方空白的地方绘制第 11 题中索引符号所对应的详图。

（五）识读"J-05""J-06"

1. "J-05"的图名为＿＿＿＿＿＿＿＿＿，本层建筑面积为＿＿＿＿＿＿＿＿＿，绘图比例为＿＿＿＿＿＿＿＿。

2. 通过"J-05"可以看出，第三、四、五层的标高分别为＿＿＿＿＿＿、＿＿＿＿＿＿、＿＿＿＿＿＿，其阳台的标高分别为＿＿＿＿＿＿、＿＿＿＿＿＿、＿＿＿＿＿＿。

3. "J-05"图纸与二层平面图是否一样？＿＿＿＿＿＿。区别在哪里？＿＿＿＿＿＿。

4. "J-06"的图名为＿＿＿＿＿＿＿＿＿，本层建筑面积为＿＿＿＿＿＿＿＿＿，绘图比例为＿＿＿＿＿＿＿＿＿。

5. 六层平面的标高为＿＿＿＿＿＿＿＿＿，阳台的标高为＿＿＿＿＿＿＿＿＿。

6. 本层与三至五层平面图是否一样？＿＿＿＿＿＿＿＿。区别在哪里？＿＿＿＿＿＿＿。

（六）识读"J-07"

1. "J-07"的图名为＿＿＿＿＿＿＿＿，绘图比例为＿＿＿＿＿＿＿＿。

2. 从图纸上看，本工程屋顶形式为＿＿＿＿＿＿＿＿，其坡度为＿＿＿＿＿＿＿＿。

3. 从图纸上看，该屋顶是＿＿＿＿＿＿＿＿屋顶（填上人或不上人）。

4. 屋顶是否设有排水沟？＿＿＿＿＿＿。屋顶的排水方式为＿＿＿＿＿＿＿＿＿＿。该屋顶共有＿＿＿＿＿＿根排水管，排水管处的标高为＿＿＿＿＿＿＿＿＿＿＿。

5. 楼梯间的门编号为＿＿＿＿＿＿＿＿，材质为＿＿＿＿＿＿＿＿，门口设有宽＿＿＿＿＿＿＿＿、高＿＿＿＿＿＿＿＿＿的＿＿＿＿＿＿＿＿。

6. 楼梯间西侧设有＿＿＿＿＿＿＿通向梯屋面，爬梯的做法是＿＿＿＿＿＿＿＿＿＿＿。

7. 本张图纸共有＿＿＿＿＿＿＿＿＿＿个索引符号＿＿＿＿＿＿＿＿，表示＿＿＿＿＿＿＿＿＿＿＿＿＿＿＿＿＿＿＿＿＿＿＿＿＿＿＿＿＿＿＿＿＿。

（七）识读"J-08"

1. "J-08"的图名为＿＿＿＿＿＿＿＿＿，绘图比例为＿＿＿＿＿＿＿＿。

2. 建筑立面图的命名方式有三种。有定位轴线的建筑物，宜根据＿＿＿＿＿＿＿＿＿

编注建筑立面的名称;无定位轴线的建筑物,可按 _____ 确定名称,也可按 _____ 确定名称。本张施工图也可以命名为 _____。

3. 从本张图纸上看,窗台的高度距离其楼地面高度为 _____。阳台处栏杆与窗台是否在同一高度? _____。从本图中能否读出阳台的栏杆高度? _____。

4. 从本张图纸上看,室外地坪的标高为 _____。

5. 本工程外墙贴面采用的是 _____。

6. 本建筑物的底层层高为 _____,标准层层高均为 _____,顶层的层高为 _____,檐口的标高为 _____。

(八)识读"J-09""J-10"

1. "J-09"的图名为 _____,绘图比例是 _____。该图还可以命名为 _____。

2. 外墙贴面采用的是 _____。

3. 结合各层平面图,可以知道该立面上共有 _____ 种类型的窗,编号分别为 _____ 和 _____,尺寸分别为 _____。

5. 从本立面图中也可以读出屋顶最高处的标高为 _____,檐口的标高为 _____。

6. 通过识读"J-10"东立面图,建筑物西面墙体的饰面材料与北立面是否一致? _____。

7. "J-10"东立面图中的窗为位于纵向 _____ 轴线上的窗 _____(填编号),从本图上看,该窗是否为高窗? _____。

(九)识读"J-11"

1. 该图的图名为 _____,绘图比例为 _____。从图名和平面图对照可知,该图剖切符号位于 _____ 平面图 _____ 轴和 _____ 轴之间,剖切后向 _____(填左或右)投影。

2. 本剖面图剖切到的建筑构件有墙体、门窗、 _____ 等。图中剖切到的墙体断面轮廓应用 _____ 绘制,涂黑部分为 _____ 结构。楼梯剖切到首层上行的第 _____ 个梯段。

3. 本建筑物各层层高为 _____。各梁的高度为 _____。

4. 从本图首层部位可以看出,A轴左边有两条竖线,表示的是 _____。画法是否正确? _____。

5. 从本图首层部位可以看出,B轴左右两边分别有一条竖线,表示的是 _____。

6. 从本图中可以看出,第二、三、四层的C轴右边均有一扇门,对应平面图中的 _____。

7. 第二层最左侧有一个高 1150 mm 的四边形,表示的是_____。画法是否正确? _____。

8. 第三至六层最左侧,剖切到的栏杆扶手,画法是否正确? _____。

9. 本工程是否有楼梯通向屋顶? _____。A 轴至 C 轴标高 19.200 m 处有一条长线,表示的是_____。

10. 本工程每层的楼梯均为_____,且每个楼梯段的踏步数均为_____。每个楼梯段的踏步数、踏步宽度与踏步高度是否一致? _____。

11. 仔细对照首层平面图,查看本剖面图是否绘制完全正确? _____。

（十）识读"J-12""J-13"

1. 本部分图纸为_____,共有_____幅,图名分别为_____
_____、_____、_____和
_____,绘图比例均为_____。

2. 该楼梯的楼梯段是否有梯梁? _____。因此,该楼梯的楼梯段属于_____,
由_____、_____、_____组成,梯段与平台之间由_____支撑。从涂黑的部分可以看出,梯段、平台均为_____构件(填材料)。

3. 从楼梯平面图可知,该楼梯位于建筑物的横向_____、纵向_____
轴线间。开间为_____,进深为_____,墙厚为_____。

4. 从平面图可知,各梯段宽为_____,梯井宽为_____;从一层到顶层休息平台宽有_____、_____等,从数据看出,平台宽_____梯段宽,_____《民用建筑设计统一标准》(GB 50352—2019)等的要求。

5. 本工程每层楼梯有_____个楼梯段,每层的楼梯均为_____,梯段长度尺寸为_____,其中"8×280＝2520"表示该楼梯段有_____个踏面,每踏面宽为_____。楼梯段竖向尺寸标注在图纸的左侧,为_____,即每个楼梯段共 9 个踏步,踏步高度为_____。

8. 各层楼梯间窗是否一致? _____。

9. 楼梯剖面图为_____,剖切符号绘在_____中,视图方向为从_____向_____看,剖切到每层的第_____个梯段。在剖面图中被剖切到的楼梯段用_____画出,没剖切到的梯段为可见,因此画出其_____。

10. 从剖面图中可见,该建筑物室外地坪标高为_____,室内一楼地面_____,层高为_____,二层、三层、四层、五层、六层楼面的标高分别为_____、
_____、_____、_____、_____。首层休息平台的标高为_____,二、三、四、五、六层休息平台的标高分别为_____、_____、
_____、_____。

11. 从本剖面图中是否可以读出平台梁的尺寸? _____。应如何取得平台梁的

尺寸? _____。

　　12. 本张图纸中有一索引符号 _____，它表示 _____

_____。找到相应的详图后,可见扶手为 _____(填

材质),扶手高度为 _____。

　　13. 如果栏杆扶手处有一索引符号 $\frac{9}{16}$ 98J8，表示栏杆扶手的详图需看

_____。

附　　图

序号	图 纸 名 称	图 号	规格	文件名	备 注
001	建筑设计说明	J-00	A2		
002	建筑装修做法表	J-01	A3		
003	总平面图	J-02	A3		
004	首层平面图	J-03	A3		
005	二层平面图	J-04	A3		
006	三～五层平面图	J-05	A3		
007	六层平面图	J-06	A3		
008	屋顶平面图 梯屋面平面图	J-07	A3		
009	①—⑪ 轴立面图	J-08	A3		
010	⑪—① 轴立面图	J-09	A3		
011	Ⓐ—Ⓓ 轴立面图	J-10	A3		
012	1—1剖面图	J-11	A3		
013	T-1楼梯平面详图	J-12	A3		
014	T-1楼梯剖面详图	J-13	A3		
015	节点大样图(一)	J-14	A3		
016	节点大样图(二)	J-15	A3		
017	门窗表 门窗大样	J-16	A3		

（左侧纵向分栏：暖通 给排水 / 建筑 结构）

xx市勘察设计院		工程名称	xx学院教师公寓JB型	设计阶段	建施图
设计	专业负责人	图纸名称	图纸目录	图 号	
制图	项目负责人			比例	1:100
校对	审核			第 张	共 张

建筑设计说明

一、凡本工程图纸中所注明者为准,绘本建筑设计说明执行。

二、本工程相对标高±0.000对应的绝对标高详见总平面图。

三、本工程图所注尺寸,除个别注明(m)为标高外,其余均为毫米(mm)为单位。建筑细部之各构造及凡采用之标准图集。

四、本工程钢筋混凝土及墙体材料均以C20混凝土;1:2砂浆砌。

五、墙体:
1. 钢筋混凝土地基与基础详见结构图,并均自一层起。
2. 墙体做法见墙身详图。
3. 本工程用墙体材料(除框架柱凸出墙之外为120mm,口墙口墙处)。

六、墙身防潮及防水:
1. 墙身防潮详见构造图。
2. 凡厨房及卫生间均采用防水砂浆墙面,外墙材料之基层面以,高出楼面及地面200。

七、外墙装修:
1. 外墙面为涂料(见材料表面之外分标明,外墙材料基层用墙身防潮一道层。
2. 口配厨卫墙为本处,主材料与室外地基内面墙材料基层面口墙面,室外地面以材料层面与配墙之构造,砌砖墙面1口处1:10或2口处20×20,磁砖铺贴白灰口前后砂浆。
3. 外墙门窗口之门窗区外墙面窗口墙面窗与风泄之构造 (墙面、墙台)。所用砂浆均为1:2.5水泥砂浆。
4. 外墙顶面450mm,20厚1:3水泥砂浆底,20厚1:2.5水泥素色,面层随做防滑处线。

八、室内装修:
1. 全部采用入地大理,阳台 阳台之大理,厨 房 卫生间均防阳墙,并应注砌体水填墙面力向注水找坡,且坡度不小于1%。
2. 内墙为灰浆,各均为收水泥口水层大田理,宜采用之方向加水找坡200为纤维两者性能符合要求。
3. 所有门口凡顶面均需口配20凡果色色纹岩面层。

九、顶棚:
1. 凡本墙入全部阳平顶水口墙,均匀配找线墙,坡30,面贴平面,装饰盖当地用瓷乙烯粉配料泥浆乳胶漆乳漆浆木油漆。

十、门窗:
2. 凡配与室面材料(凡儿童,床,天窗墙外,天窗墙板,木窗墙,刷线,沿窗,节)均生毛处。以及在主配体材料有值力,天气,木墙口,厚普安水泥涂水数料基础数层固凸做防水,木柱均面凸砌上数板,坡度 10.加细层木层层色,分墙物置 多内6000×6000系行缝。

3. 屋面水砂均数配处做基层配水面区配筋凸防砂凸面水路水,坡度 10.加细层木层层色。

十一、墙面:
1. 铝合金门配在工面主材门配均为数大标屋有关大配大民壁,表物板区设置见图集代号:98ZJ641(铝合金门).98ZJ721(铝合金门)。由工厂复生产配置与墙型墙带数做结构加工图纸,经设计人口确定再采后订墙施工。
2.7 层以上(含7层)所有墙制,丰水打1/门²物件凸墙本基层墙配应水设计凡口5层内处全墙墙。
3. 凡墙门配均与墙制墙物各区墙本基层面及作墙处墙。墙物为防风及隙墙墙。
4. 口墙:
a. 口配本门墙口墙开工上凸,沿 名墙墙墙,松涂一道,面涂一道。
b. 凡凸工,贴凸配门贴墙凸凸墙配贴水乳墙墙材,各闪地口凸面。
c. 凡配墙水砌水贴配贴口打平底,涂色物调料墙墙处理。
d. 凸口门窗墙工凸墙墙身,凸用风凸墙风(水)防水、处理。
5. 门窗凸全金:凸全配本门配均凸壁地水打凸墙各 丰水打门窗打。设计配应凸凸墙门配壁层出上打平墙各,并处理认识凸。
6. 凸出门凸墙地区墙,墙凸,墙凸上地墙凸本凸3%,凸墙配凸墙水,下凸凸配墙口本,与墙凸余墙凸墙墙底凸100mm凸凸凸,(凸凸凸之水凸墙比,凸墙凸(0)。

十二、其他:
1. 本工程凸有墙凸物料,教凸普体墙水,凸凸凸凸墙凸凸水,凸后凸凸凸大凸凸墙,变凸凸率凸凸凸墙墙凸墙本,凸凸墙凸用PVC管,凸凸凸凸凸凸凸工,并凸凸凸凸墙凸凸墙凸墙。
2. 室内凸凸凸水凸凸凸凸水设计凸凸凸凸凸出凸凸,凸凸凸工凸凸与凸凸凸凸墙凸,凸凸凸墙,凸一凸凸凸凸凸。

---

3. 所有凸凸凸面(凸凸凸凸 凸凸凸凸凸凸凸一凸,凸凸凸凸凸凸。
4. 本工程凸凸凸凸凸凸凸凸凸凸凸凸凸与凸凸凸凸凸凸凸(凸凸凸)凸凸凸凸可凸凸。凸凸凸凸凸凸凸后凸可凸凸。
5. 凸凸凸,凸凸凸凸凸凸凸凸10凸凸凸凸,凸凸凸凸凸凸凸凸凸凸凸凸5000~10000凸凸10凸凸凸凸凸,凸凸凸凸凸凸。
6. 凸凸与凸凸凸凸凸凸凸凸10凸凸凸凸,凸凸凸凸凸凸凸凸凸凸凸凸凸凸6000~10000凸凸10凸凸凸凸凸,凸凸凸凸凸凸凸凸凸凸凸凸凸凸凸凸凸凸。
7. 凸凸凸凸凸凸凸凸凸凸凸凸工凸,凸凸凸 凸凸凸凸凸凸凸一凸凸凸凸凸凸凸凸凸凸凸凸凸凸凸凸凸凸。
8. 工凸凸凸凸凸,凸凸,凸凸,凸凸凸凸凸凸凸工凸,凸,凸凸凸凸凸凸凸一凸凸凸凸凸凸凸凸凸凸凸,凸凸凸凸凸凸凸凸凸凸凸凸凸凸凸。
9. 凸凸凸凸凸凸凸凸凸凸凸凸凸凸凸,凸凸凸凸凸凸凸凸凸凸凸凸凸凸凸凸凸凸凸凸,凸凸凸凸凸凸凸凸凸凸凸凸凸凸凸凸凸凸凸凸。
10. 凸凸,凸凸,凸凸凸,凸凸凸凸,凸凸凸凸(凸凸凸)凸凸凸凸<3000凸凸,凸凸凸凸凸凸20×180凸凸凸,C20凸凸凸凸凸,4凸6@200,凸凸C20凸凸凸100凸,凸凸2凸10,凸凸2凸6@200。
11. 凸凸凸凸凸凸100,凸凸凸凸凸凸凸凸PVC凸,凸凸凸凸凸凸凸凸凸凸凸凸凸凸凸凸水±20mm,凸凸凸凸凸凸凸凸凸凸凸凸凸凸200mm。凸凸凸凸凸凸凸水凸凸凸凸,凸凸凸凸凸凸凸凸凸凸凸凸凸凸。
12. 本凸凸凸,凸凸凸凸凸凸凸凸凸水±20mm,凸凸凸凸凸凸凸凸凸凸凸凸凸凸凸±200mm。

十三、住宅凸凸凸凸凸:
1. 凸凸,凸,凸凸凸凸凸凸凸凸14凸凸凸凸。
2. 凸凸凸凸凸凸凸凸凸凸凸凸。
3. 凸凸凸口凸凸凸凸凸凸凸(凸户一个)。
4. 凸凸凸口,凸凸凸凸凸凸凸凸(凸村凸凸)。
5. 口凸凸凸凸凸凸凸10×10凸凸凸。
6. 口凸凸凸凸凸凸口。
7. 口凸凸口。
8. 口凸凸,卫生凸凸凸凸凸口。

XX市勘察设计院	工程名称	XX幸稚商公寓JB型		设计阶段	施工图
	图纸名称	建筑设计说明		图 号	建-00
专业负责人				比 例	1:100
项目负责人				第 张	共 张
审 核					
设 计					
制 图					
校 对					

建筑装修做法表

项目	各部份构造做法	使用部位
屋面	结构层：现浇钢筋混凝土板。 防水层： ☑（1）最多填隔蒸汽层。 □（2）2:8沥青珍珠岩找坡，最薄处不小于200。 □（3）25厚1:2水泥砂浆找平，随即用纯水泥浆扫。 □（4）25厚1:2.5水泥砂浆保护层，4cm。 ☑（5）高分子防水材料（涂2、防水卷材）。 ☑（6）上连（3）（5）见上列80厚（上：聚苯乙烯泡沫塑料保温层。 □（7）上连（3）（5）聚苯乙烯板材找坡层。	所有屋面
	复面层： （1）15厚1:2.5水泥砂浆保护层，1:2.5 □（2）M 2.5水泥砂浆铺贴20x120x180砂浆板支撑；上铺40厚大块砖对，线20厚豆石混凝土保护层， 1:2.5水泥砂浆找平层， □（3）15厚1:2.5水泥砂浆保护。 ☑（4）干铺混凝土块，600x600面砖， □（5）100厚钢筋混凝土配中筋50，3mx3m分缝，随捣随抹光，设置分隔缝。 □（6）1:2水泥砂浆贴缸砖或水泥面花地砖。 □（7）25厚（素色）水泥豆石垫面缸砖。	所有屋面
	顶面粉刷做法在天花列内标注。 ☑（1）15厚1:3水泥砂浆打底，5厚1:2.5水泥砂浆面。 □（2）10厚1:2.5水泥砂浆面。 水泥砂浆楼梯踏步 ☑（3）15厚1:2.5水泥砂浆面，5厚1:2.5水泥砂浆面，色防滑。 水泥砂浆楼梯踏步 踏步高50厚，宽防滑处理西面凸齿瓦。	

项目	各部份构造做法	使用部位
楼	垫层： ☑（1）C10素混凝土120 厚。 □（2）C20素混凝土120 厚。 结构层： □（1）C20混凝土 厚。 □（2）现浇钢筋混凝土板。 ☑（3）楼地层： 复面层： □（1）素水泥结合层一道。 □（2）20厚1:2.5水泥砂浆找平。 □（3）15厚1:2.5水泥砂浆找平。 □（4）15厚1:2.5水泥砂浆找平，白水泥浆扫缝，墙地砖地面300x300。 色防滑缸砖300x300。 a.色防滑缸砖500x500。 b.色面层 c.色 木地板	
地	☑（5）15厚1:2.5水泥砂浆找平10，5厚1:1.5 水泥豆石，面色 色地砖打，厚度要求，每块，分缝厚25厚，色防滑砖块，铺贴。 □（6）20厚1:2.5水泥砂浆找平，色防滑缸砖。 □（7）上连（）a.厚水泥浆。 a.色地砖。 b.色 木地板。	其他地面 卫生间或厨房
面		

项目	各部份构造做法	使用部位
墙	☑（1）7厚各物表面刷专用界面剂底水层。 □（2）16厚混合砂浆底，5厚1:3水泥砂浆 砂浆面，扫毛或划出纹道。 □（3）15厚1:4水泥砂浆打底扫毛或划出纹，5厚1:2.5 水泥豆石 □（4）5厚防水砂浆 水泥浆，分格缝留10x10，勾缝。 ☑（5）15厚1:2.5水泥砂浆找平，3厚1:2水泥砂浆 水泥豆石打底扫毛划出纹色，3厚	支承、裙部内外墙 所外墙内及墙外装面 勒脚内立面
外	☑（1）25x95 彩釉面砖 面层。 ☑45x95 彩色面砖。 ☑（6）1:2.5水泥砂浆找底，色防滑缸砖。 □（7）不做装修由厂商设计。 □（8）不做装修由厂商设计。 □（9）装饰面层由厂家设计。	
面		

项目	各部份构造做法	使用部位
内墙	基层 ☑（1）15厚1:6水泥石灰砂浆复底，5厚1:0.5:3水泥石灰 砂浆面。 □（2）10厚1:6水泥石灰砂浆复底，5厚1:0.5:3水泥石灰 砂浆面。 □（3）15厚1:2.5水泥砂浆底，5厚1:2.5水泥砂浆找平。 ☑（4）15厚1:2水泥砂浆加沥青沥青抹底。	其余部分 厨房、卫生间
墙面	面层 □（1）刷 双飞粉两遍 □（2）色内墙涂料一遍，，色乳胶漆一遍。 □（3）色乳胶涂两遍，，色乳胶漆面。 □（4）色，贴壁纸。 □（5）面 贴面砖。 ☑（6）15厚1:6水泥石灰砂浆找底层，3 聚合水泥砂浆结合层 ，面贴 色内墙面砖300x300，（白7 色水泥砂浆勾缝20厚 ☑（7）7厚色水泥砂浆找挂300。（大理石）面。 □（8）20厚1:2.5水泥砂浆加挂层20厚 （大理石）面。	厨房、卫生间 其余部分
墙裙	☑（1）10厚1:2.5水泥砂浆找底，5厚1:2.5水泥砂浆面。 □（2）15厚1:2.5水泥砂浆粉刷，1:1水泥砂浆面。 □（3）7厚20厚1:2.5水泥砂浆找底，特色色胶粉 钉木龙骨，厚 ☑（4）15厚真石漆 素水泥浆一道。 □（5）10厚1:2.5水泥砂浆找底，10厚1:1.5 水泥豆子 真石漆面。	
踢脚	☑（1）15厚1:6水泥石灰砂浆复层，3 聚合水泥豆石结合层 踢同水泥砂面圆角或踢脚100高 □（2）15厚1:2.5水泥砂浆找底，特色色胶粉 铺 □（3）20厚1:2.5 ☑（4）彩釉面砖（大理石） □（5）10厚1:2.5 □（5）15厚1:2.5水泥砂浆面，5厚1:2.5水泥砂浆面	
墙脚	☑（1）15厚1:6水泥石灰砂浆打底扫毛色4，厚1:2水泥砂浆压实 面刷白色乳胶漆内墙涂料。 ☑（2）15厚1:4水泥石灰砂浆粉刷，混凝土扫毛色。 □（3）5厚粉刷面层混合砂浆扫毛。	
天花	□（1）刷 双飞粉两遍。 □（2）色内墙涂料，色乳胶漆两遍。 □（3）色乳胶漆面层，色乳胶漆面。 ☑（4）喷涂凹凸喷点面层（现浇板底刷毛色3）。 □（5）面层由厂家设计。 □（6）彩色混凝土板顶棚	

工程概况说明：
1. 建筑耐久年限：50 年
2. 建筑层数：居住建筑　6层板楼
3. 建筑抗震设防等级：6度设防
4. 建筑占地面积：19.3米
5. 建筑总面积：167.7平方米
6. 建筑层数：6
7. 建筑面积：985平方米
8. 屋面防水等级：Ⅲ级
9. 设计标准：
10. 消防设计
11. 共用说明

注：
1. 在表中小方格内打"√"为本设计所选用做法。
2. 本设计方便使用的是建筑标准，标准由甲方确定。
3. 本工程选用的装饰材料及配件符合《民用建筑工程室内环境污染控制规范》GB 50325-2020标准要求。

钢筋混凝土结构墙体　180厚墙
　　　　　　　　　　　120厚墙

建 筑		构 造	
结 构			
电 气			
给 排 水			

用地指标

总用地面积	7759.5	m²	绿地总面积	2896.9	m²
总建筑面积	7711.1	m²	其	绿地面积	2734.9	m²
建筑基底占地面积	1318.9	m²	中	硬地绿化	162.0	m²
建筑密度	17.0%		绿地率	37.3%	
容积率	0.99		机动车停车位	20（个）	

建筑单体说明表

序号	建筑单体用途	建筑占地	建筑面积	建筑高度	建筑层数	备注
①—②	JA型职工宿舍	445.4m×2m=890.8m²	2824.2m×2m=5648.4m²	20m	6	首层架空
③—④	JB型职工宿舍	167.7m×2m=335.4m²	985.0m×2m=1970m²	20m	6	
⑤	电 房	92.7	92.7			
	总占地面积	1318.9 m²	总建筑面积 7711.1 m²			

已征地红线

用地红线

一期职工宿舍

钟塔

二期职工宿舍

总平面图 1:500

xx市勘察设计院		工程名称	xx学院教师公寓JB型	设计阶段	建施图
设 计	专业负责人	图纸名称	总平面图	图 号	J-02
制 图	项目负责人			比 例	1:100
校 对	审 核			第 张 共 张	

首层平面图 1:100

167.7m²

注:
1. 所有外墙、梯间墙均对180厚, 内墙120厚。
2. 除注明外, 所有门均为离开墙(柱) 边60开门。

二层平面图 1:100

160.3m²

三~五层平面图 1:100

160.1m²

六层平面图 1:100

$\dfrac{161.6\text{m}^2}{}$

(注:六层平面除阳台与五层不同外,其余同)

xx市勘察设计院		
工程名称		xx学院教师公寓JB型
图纸名称		六层平面图

设 计		专业负责人		设计阶段	建施图
制 图		项目负责人		图 号	J-06
校 对		审	核	比 例	1:100
				第 张	共 张

① — ⑪ 轴立面图 1:100

图例：

白色墙面砖

砖红色墙面砖

xx市勘察设计院		工程名称	xx学院教师公寓JB型	设计阶段	建施图
设　计	专业负责人	图纸名称	① — ⑪ 轴立面图	图　号	J-08
制　图	项目负责人			比　例	1:100
校　对	审　核			第　张	共　张

⑪—①轴立面图 1:100

图例：

□ 白色墙面砖

□ 砖红色墙面砖

XX市勘察设计院		工程名称	XX学院教师公寓JB型	设计阶段	建施图
设　计	专业负责人	图纸名称	⑪—①轴立面图	图　号	J-09
制　图	项目负责人			比　例	1:100
校　对	审　核			第　张	共　张

图例:

□ 白色墙面砖

□ 砖红色墙面砖

A—D 轴立面图 1:100

D—A 轴立面为A—D 轴立面的镜像

1—1 剖面图 1:100

xx市勘察设计院		工程名称		xx学院教师公寓JB型	设计阶段	建施图
		图纸名称			图 号	J-11
设 计					比 例	1:100
制 图		专业负责人		1—1剖面图	第 张	共 张
校 对		项目负责人				
		审 核				

建 筑			暖 通		
结 构			给排水		

T—1 三至六层平面图 1:50

T—1顶层平面图 1:50

T—1 首层平面图 1:50

T—1二层平面图 1:50

xx市勘察设计院		工程名称	xx学院教师公寓JB型	设计阶段	建施图
设 计	专业负责人			图 号	J-12
制 图	项目负责人	图纸名称	T—1楼梯平面详图	比 例	1:100
校 对	审 核			第 张	共 张

建　筑		暖　通	
结　构		给排水	

楼梯 2-2 剖面图　1:50

xx市勘察设计院		工程名称	xx学院教师公寓JB型	设计阶段	建施图
设　计	专业负责人			图　号	J-13
制　图	项目负责人	图纸名称	T-1楼梯剖面详图	比　例	1:100
校　对	审　核			第　张	共　张

节点大样图（一）

④ 大样 1:20 (J-04)

⑤ 檐口大样 1:20 (J-07)

③ 大样 1:20 (J-04)

② 大样 1:20 (J-04)

① 墙身大样 1:50 (J-07)

xx市勘察设计院			xx学院教师公寓JB型		建施图
设 计		专业负责人	工程名称	设计阶段	
制 图		项目负责人	图纸名称 节点大样图（一）	图 号 J-14	
校 对		审 核		比 例 1:100	
				第 张 共 张	

⑫ 水池剖面 1:50
（J-11）

钢筋混凝土板
瓷砖
钢筋混凝土板
10厚聚苯乙烯板
d=60钢管

附注：
1. 全部栏杆方钢采用壁厚不小于1.5厚管材。
2. 用于室外的栏杆改用镀锌底层处理。

⑪ 阳台栏杆立面 1:20

⑬ 大样 1:20
（J-05）

截面配筋a-a

c-c 剖面
Φ12钢筋
Φ8@200

⑨ 预埋件大样
Φ6钢筋

⑧ 护窗栏杆大样 1:20
（J-12）
40x60方钢，防锈漆两道，面白色磁漆两道
30X30方钢，防锈漆两道，面白色磁漆两道
50x50方钢，防锈漆两道，面白色磁漆两道
预埋件

⑦ 楼梯栏杆大样 1:20
（J-13）
40X60方钢，防锈漆两道，面白色磁漆两道
30X30方钢，防锈漆两道，面白色磁漆两道，楼段中间
50X50方钢，防锈漆两道，楼段两端，面白色磁漆两道，及两端详设计本
预埋件

⑥ 阳台栏杆大样 1:20
（J-04，J-05，J-06）
40X60方钢，防锈漆两道，面白色磁漆两道
25x25方钢，防锈漆两道，面白色磁漆两道
30X30方钢，防锈漆两道，面白色磁漆两道
20x20方钢，面白色磁漆两道
预埋件
H-0.030

xx市勘察设计院

		xx学院教师公寓JB型		建施图
设 计		工程名称		图号 J-15
制 图		图纸名称	节点大样图（二）	比例 1:100
校 对		专业负责人		第 张 共 张
		项目负责人		
		审 核		

设计阶段

C1 1:50

C2 1:50

C4 1:50

C4 平面大样 1:50

C5 1:50

C6 1:50

编号	门窗名称	洞口尺寸(宽X高)(单位: mmXmm)	数量					备注
			首层	二层	三层~六层	天面	小计	
C1	铝合金玻璃推拉窗	2000X1500	2				2	90系列
C2	铝合金玻璃窗	590X900	2				2	70系列
C4	铝合金玻璃窗	2540X2050		4	4X4		20	70系列
C5	铝合金玻璃窗	800X1500		10	10X4		50	70系列
C6	铝合金玻璃推拉窗	2000X1600		2	2X4		10	70系列
M1	实心木门	1000X2200	1	4	4X4		21	
M2	实心木门	900X2200		4	4X4		20	
M3	铝合金玻璃门	800X2200		4	4X4		20	
M4	铝合金玻璃门	700X2200		4	4X4		20	
M5	铝合金玻璃推拉门	2700X2500		4	4X4		20	
GM1	不锈钢防盗门	1500X2200	1				1	2

说明: 1. 表中尺寸为设计洞口尺寸;
2. 所有窗均为铝合金玻璃窗，做法参见建筑材料说明中关于门窗一节之说明;
3. 本图只表示门窗立面分格，同一编号的门分格相同，其门最开启方向详平面图;
4. 图中尺寸标注中的(EQ)表示总尺寸等分格，节点做法详供货厂素图纸，并由本设计单位认可;
5. 夹层门作梅面板装修;
6. 图中尺寸标注中的H表示各层楼结构标高;
7. 卫生间门选用重磅材门窗。

xx市勘察设计院		工程名称	xx学院教师公寓B型	设计阶段		建筑图
设 计		图纸名称	门窗表 门窗大样	图 号		J-16
制 图				比 例		1:100
校 对	专业负责人			第 张		共 张
	项目负责人					
	审 核					

参 考 文 献

[1] 魏艳萍.建筑识图与构造习题集[M].2 版.北京:中国电力出版社,2019.

[2] 张小平.建筑识图与房屋构造习题册[M].4 版.武汉:武汉理工大学出版社,2022.

[3] 金梅珍.建筑识图与构造技能训练手册[M].2 版.北京:人民交通出版社,2016.

[4] 曹雪梅.建筑制图与识图习题册[M].2 版.北京:北京大学出版社,2017.

[5] 张艳芳,李彦君.房屋建筑构造与识图习题与实训[M].2 版.北京:中国建筑工业出版社,2022.